国家自然科学基金项目(No.51774199)

山东省重大基础研究项目(No.ZR2018ZC0740)

矿山岩层智能控制与绿色开采省部共建国家重点实验室培育基地

顶板离层水突涌机理及防治措施研究

张文泉　王在勇　邵建立　张　琦　张贵彬／著

中国矿业大学出版社

·徐州·

内容提要

本书中归纳了离层水突涌煤矿事故案例,分析了事故煤矿在区域上的特点,分析了实例矿井上下位岩层的矿物成分和物理力学特征,提出了离层空间层位识别方法,划分了顶板离层水突涌类型和条件,构建了两种离层水突涌类型力学模型;随后模拟分析了不同影响因素作用下离层空间发育规律、离层积水过程及渗流致灾,建立了离层水突涌危害性评价模型并进行了实例验证;最后基于不同采厚条件提出了离层水突涌分级防治措施,对从源头上防治煤矿顶板水害事故以保障矿井安全生产具有重要的现实意义。

本书理论知识丰富,实践性强,是一本集离层空间发育和离层水突涌机理,离层水危害性等级评价和分级防治措施等研究成果于一体的书籍,可供相关专业的科研人员、工程技术人员与院校师生参考使用。

图书在版编目(CIP)数据

顶板离层水突涌机理及防治措施研究 / 张文泉等著

. — 徐州 : 中国矿业大学出版社,2021.12

ISBN 978 - 7 - 5646 - 5272 - 2

Ⅰ. ①顶… Ⅱ. ①张… Ⅲ. ①煤层－冒顶－矿井突水－防治－研究 Ⅳ. ①TD745

中国版本图书馆 CIP 数据核字(2021)第 252959 号

书　　名	顶板离层水突涌机理及防治措施研究
著　　者	张文泉　王在勇　邵建立　张　琦　张贵彬
责任编辑	潘俊成
出版发行	中国矿业大学出版社有限责任公司
	(江苏省徐州市解放南路　邮编 221008)
营销热线	(0516)83884103　83885105
出版服务	(0516)83995789　83884920
网　　址	http://www.cumtp.com　E-mail:cumtpvip@cumtp.com
印　　刷	江苏淮阴新华印务有限公司
开　　本	787 mm×1092 mm　1/16　**印张** 10　**字数** 256 千字
版次印次	2021 年 12 月第 1 版　2021 年 12 月第 1 次印刷
定　　价	42.00 元

(图书出现印装质量问题,本社负责调换)

前　言

随着我国煤矿开采深度与范围的增加，许多煤矿煤层上部岩层内产生了大量离层，某些离层空间积聚了体量可观的离层水。随着工作面的逐渐推进，上部离层区域的离层水在上覆荷载和水压的作用下突破下部的隔水层快速涌向底部工作面和巷道，从而严重恶化了井下矿工工作环境，威胁矿工的生命安全，给矿井带来很大的经济损失。该类新型水害事故普遍具有分布范围大、突涌征兆不明显、瞬时水量大、周期性突涌水、涌水量异常等特征，一直以来严重影响煤矿的安全生产。因此，迫切需要深入研究离层空间演化规律、离层动态积水特征及离层水突涌机理，为制定切实有效的防控措施提供可靠的依据。

本书由九章内容组成，第1章全面总结了离层水突涌煤矿事故案例，分析了事故煤矿在区域分布上的特点；第2章通过现场取心分析了上下位岩层的矿物成分和物理力学特征；第3章提出了离层空间层位识别方法，构建了离层空间演化计算模型；第4章划分了顶板离层水突涌类型和条件，构建了两种离层水突涌类型力学模型；第5章模拟分析了不同影响因素作用下离层空间发育规律；第6章改进了相似模拟材料，模拟分析了离层空间积水过程及渗流致灾过程；第7章介绍了常见的权重分析方法和集对分析-可变模糊集理论；第8章建立了离层水突涌危害性评价模型并进行了实例验证；第9章基于不同采厚条件提出了离层水突涌分级防治措施。本书内容实用、全面、系统，对识别离层空间发育层位、研究离层水突涌机理、判别离层水突涌危险性及防治措施的应用有较好的指导和参考作用，对从源头上防治煤矿顶板水害事故以保障矿井安全生产具有重要的现实意义。

笔者多年来一直从事矿井水灾害预防控制工作，衷心希望本书的出版能为离层水突涌防治起到一定作用，并希望在各部门领导和同行的努力之下，煤矿企业能够长久保持安全高效生产。

本书的出版获得了国家自然科学基金（No.51774199）、山东省重大基础研究项目（No.ZR2018ZC0740）及矿山灾害预防控制省部共建国家重点实验室培育基地的资助和支持。

在撰写本书过程中参考了相关文献，谨向相关文献作者深表谢意！同时感谢肖洪天、张培森等专家在建立理论模型时给予的大力支持和帮助。硕士研究生吴欣焘、雷煜和吴绪南对书中的部分内容进行了修改，一并表示感谢。

由于时间仓促，书中难免存在疏漏和不妥之处，敬请读者斧正，不吝指教为盼！

著　者

2021 年 6 月

目　　录

第 1 章 绪 论

1.1 研究背景及意义

随着我国煤矿开采深度与范围的增大,许多煤矿煤层上部岩层内产生了大量离层,某些离层空间积聚了体量可观的离层水。随着工作面的逐渐推进,上部离层区域的离层水在上覆荷载和水压的作用下突破下部的隔水层快速涌向底部的工作面和巷道,从而严重恶化了井下矿工工作环境,威胁矿工的生命安全,给矿井带来很大的经济损失[1-4]。该类新型水害事故普遍具有分布范围大、突涌征兆不明显、瞬时水量大、周期性突涌水、涌水量异常等特征,一直以来严重影响煤矿的安全生产[5-7]。

据统计,21 世纪以来,包括山东、辽宁、安徽、重庆、陕西等地区诸多煤矿先后出现顶板离层突水事故,极大地影响了矿井的安全生产。部分煤矿发生的顶板离层突水事故实例[8-14]见表 1.1。

表 1.1 部分煤矿发生的顶板离层突水事故实例

地区	煤矿名称	事故时间	事故情况
安徽	淮北海孜煤矿	2005-05-21	一水平 84 采区的 745 工作面发生瞬时最大透水量为 3 887 m³/h 的水害事故,5 人死亡,多人受伤
	淮北杨柳煤矿	2017-07-17	开采二叠系 10 煤时,水和瓦斯混合体从钻孔喷涌至地面,涌水量达 7 845.6 m³/h,潜在威胁极大
山东	新汶华丰煤矿	2005-09-25	1409 工作面在推进过程中发生多次透水事故,最大涌水量为 720 m³/h
	济宁二号煤矿	2007-10-06	11305 工作面采空区水位多次出现突然上升现象,积水量突增至16.3 万 m³
宁夏	灵武红柳煤矿	2010-03-25	1121 工作面发生 4 次透水事故,最大涌水量为 3 000 m³/h,经查,充水水源主要为顶板侏罗系直罗组底部的粗砂岩含水层水
陕西	铜川玉华煤矿	2010-12	1412 工作面发生多次较大规模的透水事故,每次透水量均超过 1 000 m³/h;1418 工作面也出现多次顶板透水事故
	彬长大佛寺煤矿	2013-08-23	41103 工作面发生最大涌水量为 600 m³/h 的透水事故,41104 工作面、40110 工作面等发生较小规模透水事故
	宝鸡郭家河煤矿	2016-05-13	1306 工作面发生透水事故,累计积水量为 29 万 m³,最大涌水量为 1 200 m³/h,最终导致工作面被淹

表 1.1(续)

地区	煤矿名称	事故时间	事故情况
甘肃	华亭大柳煤矿	2013-04-03	1402 工作面发生顶板透水现象,最大涌水量达 430 m³/h,充水水源为志丹群砂砾岩水
新疆	塔城沙吉海煤矿	2016-12-30	探放水和采空区总涌水量为 38 316.2 m³,充水水源为西山窑组中—粗砂岩含水层水
重庆	松藻打通一矿	2008-11-06	S1821 综采工作面顶板出现多次透水现象,最大透水量为 650 m³/h,充水水源为玉龙山组灰岩含水层水
辽宁	抚顺老虎台煤矿	2011-06-21	73004 工作面发生水害事故,透水时携带泥浆,泥浆涌出量为 1 342 m³/h,造成 3 人伤亡
内蒙古	鄂托克前旗新上海一号煤矿	2014-06-24	111084 工作面推进 141 m 时 88# 支架前端的顶板突然发生突水,且夹杂了大量泥沙,突水时间累计达 3 个半月,瞬时最大透水量为 2 000 m³/h,泥沙量总计 3.58 万 m³
贵州	纳雍中岭煤矿	2016-06-20	在 2016 年 6 月 20 日至 7 月 5 日的半个月内,中岭煤矿地面上方连续发生 3 次暴雨灾害,导致老采空区发生突水,涌水量达 5 000 m³,致使 11034 工作面被淹

顶板离层水处于上覆岩层内部,其积水规律、突涌致灾过程难以被观察,而力学理论分析、室内相似模拟试验和数值模拟分析是实现顶板离层发育、顶板离层积水及仿真渗流模拟的有效研究手段。下部岩层的侵蚀软化现象在中国西部煤矿中较为突出,这种情况下只能通过室内试验研究其物化性能以增强对该类地质条件下顶板离层水突涌机理的认识。

同时,顶板离层积水位置、上覆岩层断层特征、离层上覆岩层的坚硬程度以及外界因素等对顶板离层充水特征和突涌机理产生很大影响。当前绝大部分学者针对离层水突涌的研究都基于个别矿井开展,很难形成普遍的认识和明确离层水突涌机理。这些原因导致顶板离层水突涌的防治措施较少,现今仅包括井上、井下钻孔疏水方式,而这种方式对工程技术要求较高,且不是适用于所有矿井。另外,顶板离层水突涌后产生威胁的程度有多大也是我们关注的重点。并不是顶板离层水只要发生突涌,就一定产生整个工作面被淹等事故,因此需要有清晰的认识。

因此,我们应当对全国发生离层水突涌事故的矿井进行全面、系统地分析和研究,包括分析离层空间发育规律,深入剖析顶板离层水突涌致灾类型,构建基于裂隙二次扩展的离层水突涌临界模型,研究离层水突涌危害性,提出分级防治措施等,以加深对离层水突涌致灾机理的认识。

1.2 顶板离层水突涌事故案例分析

1.2.1 辽宁省煤矿

(1) 大明煤矿

大明煤矿 EW416 综采工作面位于东翼采区西侧,该工作面东南部以回采巷道为界与岩浆岩侵入体相邻,西南部以设计停采线为界与东西向专用回风巷道相邻,东北部以开切眼为界与 DF22 号断层和 EW415 里段采空区相邻,西北部以运输巷道为界与 EW417 采空区相邻。EW416 综采工作面上、下方无其他工作面,其地表为创业村小朴屯西侧、小江家屯东侧耕田,回采煤层为 4_2 煤层,煤层厚度为 $2.80 \sim 5.37$ m,平均厚度为 3.74 m,煤质较好。EW416 综采工作面倾向长度为 $576 \sim 628$ m,走向长度为 $130 \sim 220$ m。

2013 年 9 月 17 日 15 时 30 分,大明煤矿 EW416 综采工作面回风巷道 14# 钻场 6# 瓦斯抽放孔发生钻孔涌水,涌水带压、浑浊、呈乳白色、伴有轻微的腥臭味,瞬时涌水量达 185 m^3/h。11 月 17 日,顶板淋水逐渐停止。工作面积水量共计 61 900 m^3,这导致采区部分巷道被淹,工作面停采 46 d,给生产造成了很大影响[15]。

工作面发生涌水后,矿方分别对井下涌水、第四系潜水进行了取样化验,水质化验结果如表 1.2 所示。

表 1.2　水质化验结果

取样地点	pH	离子浓度/(mg/L)			叶绿素含量 /(μg/L)	水井标高/m
		NH_4^+	NO_3^-	Cl^-		
小江家屯水井	6.64	16.01	8.09	81.49	49.63	+57.6
EW416 综采工作面	8.42	171.81	3.23	187.96	62.04	

同时在地面进行了 EH4 物探以查明上覆岩层中含水层的富水情况,结果显示,工作面涌水地点上覆岩层在高度为 $125 \sim 300$ m 段赋存一视电阻率小于 30 $\Omega \cdot m$ 的低阻层,厚度约 120 m,所处含水层为白垩系下统阜新组上含煤段 4 煤层顶板砂砾岩孔隙承压含水层,岩性为灰白色细砂岩、粗砂岩和砂砾岩。经综合分析认为,大明煤矿 EW416 综采工作面涌水水源为工作面上部厚层岩浆岩下方的层间离层水。

(2) 老虎台煤矿

老虎台煤矿采用特厚煤层水平分层、走向长壁后退式、综合机械化放顶煤采煤法。73003 综放工作面位于煤矿中部,开采厚度为 $40 \sim 60$ m,工作面走向长度为 650 m,由东向西以小面对接大面俯斜式开采,东部倾向长度为 80 m,走向长度为 300 m,西部倾向长度为 100 m,走向长度为 350 m,煤层顶板为油母页岩,底板为凝灰岩。73003 综放工作面上方的 68002 工作面已于 2001 年年底回采结束[16-17]。

2007 年 3 月 10 日,73003 综放工作面在推进 190 m(6250 剖面附近)时发生顶板突水事故,如图 1.1 所示。突水持续约 0.5 h,总突水量为 3 000 m^3,包括绿色页岩、油母页岩、煤炭

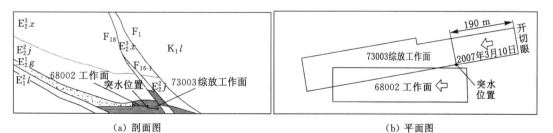

<table>
<tr><td align="center">(a) 剖面图</td><td align="center">(b) 平面图</td></tr>
</table>

图 1.1　68002 工作面和 73003 综放工作面概况及突水位置

淤泥和少量砂砾岩在内的冲积物达 5 000 m³；约 30 t 的大块绿色页岩从工作面上端头向下端头移动约 260 m；冲毁机巷和 3 条煤门胶带，上隅角 3 个支架均移动约 1.2 m。

对 73003 综放工作面突水点、井下各水平涌水点和地表水进行了取样化验，采用同位素、水化学特征、饱和指数 SI 和指纹图等方法进行了综合分析，认为 73003 综放工作面突水主要来自白垩系砂砾岩含水层。

1.2.2 河北省煤矿

范各庄煤矿 3093S 工作面开采的 9 煤层位于二叠系大苗庄组下统，工作面实际回采长度为 679 m，面宽为 169.1 m，工作面标高为 −589.3〜−484.3 m，工作面煤层厚度为 0.8〜3.0 m，平均厚度为 1.75 m，煤层倾角为 12°〜25°，平均倾角为 15°。工作面位于区内单斜区，该区域水文地质条件简单[18]。

3093S 工作面采煤工艺属于走向长壁采煤法，工作面推进 542 m 距停采线 134 m 时，采面支架上方顶板开始出现滴水现象，涌水量为 1.2 m³/h。经水样化验后证实该涌水为裂隙水，无奥灰水、老空水混入。继续推进，采面涌水量不断增大，推进至距停采线 88 m 时，采面涌水量达到峰值 60 m³/h。同时 3071S、3073S 工作面采空区涌水量也由最初的 18 m³/h 不断增加至 48 m³/h。采面停止生产，经过 15 d 疏放，采面涌水量减小至 12 m³/h，3071S 和 3073S 工作面采空区涌水量稳定在 60 m³/h。经计算，累计出水量为 34 000 m³。区域涌水量由出水前的 57.72 m³/h 增大至 72 m³/h。

分析认为，在 7 煤层开采初期下部隔水层弯曲变形带与顶板砂岩离层形成储水空间，在对 9 煤层开采之后，覆岩破坏高度增加，最终波及上部离层带，从而导致离层水在短时间内涌入工作面。

1.2.3 山东省煤矿

（1）济宁二号煤矿

11305 工作面开采的 3 煤是石炭-二叠系山西组煤层，工作面宽度为 147.35 m，实际回采长度为 1 073.35 m，揭露的煤层平均厚度为 4.92 m，煤层倾角为 2°〜12°，平均为 6°，煤层起伏变化大，结构复杂，局部含一层厚度为 0.2〜0.4 m 的泥岩夹矸。煤层普氏系数约为1.91，软—中等硬度。

2007 年 8 月底，相邻 11306 工作面回采巷道施工，超前探放 11305 工作面采空区积水量为 9.6 万 m³，与预计积水量相符。9 月 10 日起 11305 工作面采空区顶板岩层周期来压显现，时常伴有岩层断裂声响，随后该采空区积水补给量发生多次突增情况，其积水水位不断上升。在工作面回采巷道加大疏排水力度，采空区积水于 12 月 25 日疏放完毕，实际累计疏放采空区积水 46.6 万 m³[11,19-20]。

经分析认为，11305 工作面 3 煤上覆岩层中的厚层砂岩底部易发育离层，且该底部均为泥岩或粉砂岩，透水性较弱，上部砂岩为弱富水性含水层，能对离层裂隙形成充水补给。在11305 工作面采空区积水疏放过程中，经现场采集水样化验，水质类型为 $SO_4^{2-} \cdot HCO_3^- -$ Na^+ 型，与矿井各采区煤层顶板砂岩水的水质类型相同，从而证实 11305 工作面采空区离层积水来自顶板砂岩水。

（2）王楼煤矿

王楼煤矿位于济宁煤田的南部,现主采山西组 3^{上} 煤层,在开采过程中多次发生突水事故。其中,2008 年 7 月 26 日,王楼煤矿 11305 工作面涌水量较前期的 23.5 m³/h 明显加大,至 27 日工作面推进约 200 m 时涌水量瞬间增大到 450 m³/h。涌水量大,最终造成工作面于 7 月 27 日 11 时淹井,经济损失近亿元[21]。2012 年 12 月底 13301 工作面推进约 410 m,涌水量稳定在 75 m³/h 左右,之后涌水量开始缓慢增大,推进约 510 m 时涌水量为 124 m³/h,推进约 570 m 时涌水量为 205 m³/h,随后涌水量快速增加,推进约 690 m 时涌水量达 790 m³/h 左右,进而造成工作面停产[21-24]。

通过对 13301 工作面上方的侏罗系上统砂砾岩裂隙含水层水位的研究发现,13301 工作面突水时靠近刘官屯断层附近的 3C-30 孔和 3C-21 孔的先期降深分别达 129.3 m 和 168.1 m,随后水位降深大幅减小,相应观测曲线如图 1.2 和图 1.3 所示。13301 工作面大量涌水后,从侏罗系上统砂砾岩裂隙含水层水位观测情况来看,侏罗系上统砂砾岩裂隙含水层水位与山西组 3^{上} 煤层工作面涌水存在密切联系。

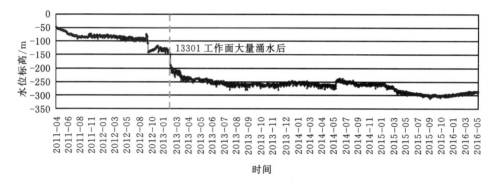

图 1.2 3C-30 孔侏罗系上统砂砾岩裂隙含水层水位观测曲线

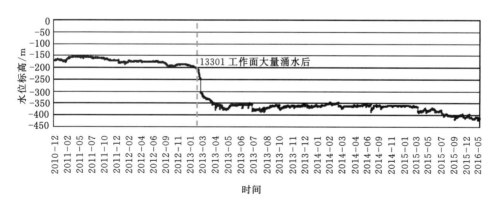

图 1.3 3C-21 孔侏罗系上统砂砾岩裂隙含水层水位观测曲线

通过 11305 工作面示踪试验以及 11305 工作面和 13301 工作面出水类型和水质分析,验证了侏罗系上统砂砾岩裂隙水参与了工作面的涌水,即侏罗系上统砂砾岩裂隙含水层与工作面之间确实存在着联系。

(3) 华丰煤矿

华丰煤矿前组煤开采受顶板中生代砂岩和古近系砾岩水的严重影响,在开采过程中已发生突水事故 30 余起,尤其是主采的 4 号煤层,采区发生多次砾岩水突水事故。—1 100 m 水平—采区 1409 综采工作面在推进 180 m 时的涌水量高达 720 m³/h[25]。

分析认为,在开采 1409 综采工作面时导水裂缝带高度为 86 m,距煤层顶板高度为 130 ~160 m 处形成离层空间,古近系和新近系砾岩含水层水对离层空间进行充水,产生离层水。当工作面推进一定距离时,离层水通过裂隙通道进入工作面形成水害。

1.2.4 江苏省煤矿

徐庄煤矿位于江苏省沛县境内微山湖畔,井田东翼由浅入深依次为东七、东九和Ⅱ₃采区。这 3 个采区均位于微山湖水体之下,采区内 7172、7199 和 7331 工作面发生过较大的涌水事故。2002 年 1 月,7172 工作面推进 56 m 时发生涌水事故,最大涌水量为 330 m³/h;工作面恢复生产后推进 100 m 时再次发生了涌水事故,最大涌水量接近 300 m³/h;之后工作面涌水量呈周期性递减,至该年 9 月涌水量稳定在 120 m³/h 左右。7199 工作面采用综采放顶煤工艺,于 2011 年 4 月 23 日开始回采,2011 年 5 月 24 日工作面推进 65 m 时发生涌水,涌水量为 120 m³/h。随着工作面继续推进,涌水量呈周期性变化,于 2011 年 10 月 25 日工作面涌水量瞬间突增至 540 m³/h。7331 工作面自 2013 年 5 月开始回采,至 9 月 26 日推进 305 m 时涌水量大约为 25 m³/h,但至 9 月 30 日工作面涌水量增至 150 m³/h,随后工作面涌水量呈周期性变化,至 12 月 20 日涌水量增至 385 m³/h,之后涌水量逐渐减小[26]。

分析认为,由于第四系松散层 2-3、2-4 隔水层平均厚度分别为 32 m 和 13 m,且分布稳定,岩性以黏土、砂质黏土为主,隔水性能良好,可有效阻隔大气降水、地表水与基岩地下水的水力联系。同时,3 个工作面突水水质与奥灰含水层水质差异较大,所以认为突水水源为 7 煤顶板砂岩裂隙水,随着时间的推移,下部离层空间接受了分界砂岩、侏罗系和第四系等浅部含水层水的补给,最终确定补给水源为第四系底部含水层。

1.2.5 安徽省煤矿

(1) 海孜煤矿

淮北矿区海孜煤矿为隐伏矿井,松散层厚约 240 m,下伏岩体完整且坚硬的岩浆岩,厚度为 50~150 m,岩浆岩底板距最上部的可采煤层 50~60 m,位于整体移动带内,岩浆岩下覆二叠系含煤地层含多层开采煤层。

2005 年 5 月 21 日 12 时 13 分,海孜煤矿在开采一水平 84 采区 745 工作面时发生了顶板特大突水事故,最大涌水量为 3 887 m³/h,瞬间淹没工作面及两侧巷道,造成 5 人死亡和重大财产损失。突水 2 h 后,涌水量衰减了 77%,突水 3.5 h 后,最大涌水量降至 139 m³/h,突水 24 h 后衰减为 27 m³/h,此后涌水量基本保持稳定。此次突水携带了大量的碎石、泥沙,体积大约为 300 m³[27-30]。

分析认为,由于煤系与上覆岩浆岩在岩体结构、强度、变形性能方面存在明显差异,煤层开采中,岩浆岩下部地层会产生明显离层并被地下水充填形成封闭的离层水体。同时,由于岩浆岩结构完整,强度高,当下部离层空间发育到一定规模后,岩浆岩会瞬间冲击失稳,拍击离层水体,使其瞬间产生很高的水压并突破隔水岩层,从而使工作面突水。

(2) 杨柳煤矿

杨柳煤矿主采的 10# 煤层位于山西组中段,平均厚度为 3.3 m,该煤层上覆分布 2 层

RQD 超过 90% 的较为完整的岩浆岩,厚度分别为 47 m、26 m 左右。下伏岩浆岩底板距 $10^{\#}$ 煤约 110 m,位于整体移动带内。104 采区整体呈背斜构造,断层较为发育。

2011 年 7 月 17 日,杨柳煤矿 10414 工作面 $2^{\#}$ 抽放孔发生水-瓦斯混合体喷涌事故,喷涌而出的水柱中含瓦斯 166 000 m^3,涌水量 7 800 m^3/h,极大威胁安全生产。经查明,厚硬岩浆岩破断引发冲击矿压,使得离层中由水和瓦斯形成的高压混合体冲破了离层与抽放孔之间的岩体,从而造成灾害[2]。

分析认为,工作面推进过程中岩浆岩下部形成离层积水,随着采空区面积的增大,其上方岩浆岩达最大破断距后断裂,从而导致离层积水被压缩并从钻孔喷涌而出,潜在威胁极大。

(3) 新集矿区

新集矿区 2 个矿井为推覆体下开采,其地质构造和岩层体系由上下两个系统组成,即逆冲断层上盘的推覆系统及逆冲断层下盘的原地系统。在已知开采范围内,推覆系统岩性是寒武系白云质灰岩和元古界的片麻岩。下部系统则是石炭系薄层灰岩、寒武系厚层灰岩或白云质灰岩。

1307 工作面上覆推覆体为片麻岩,于 2003 年 1 月 30 日发生涌水量达 400 m^3/h 的溃水,造成巨大的经济损失。其突水原因为:1307 工作面顶板 82~150 m 以上为片麻岩,巨厚且坚硬,顶板不能与其下伏砂页岩同步弯曲下沉而产生离层,离层空间充水后可形成巨大的"水包"——次生水源。当离层空间过大、上覆岩层的悬空距离过长而发生断裂时,离层空间将产生冲击压力,"水包"破裂从而发生溃水。离层空间积水示意图如图 1.4 所示[31]。

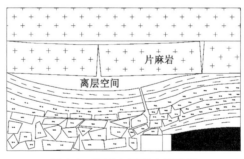

图 1.4 离层空间积水示意图

1.2.6 山西省煤矿

(1) 李家楼煤矿

李家楼煤矿 1202 工作面位于井田中南部、首采区西翼,开采山西组底部的 $2^{\#}$ 煤。工作面走向长约 1 200 m,倾向宽约 150 m,标高 722.9~821.3 m。2016 年 7 月,1202 工作面开采期间地面发生了连续 3 次降雨,导致工作面采空区发生突水,瞬时涌水量达 3 158 m^3/h。相关技术人员普遍认为这是工作面内部的陷落柱突水导致的,但工作面在掘进期间和开采期间揭露的陷落柱都未出现突水现象。2017 年 2 月矿方与华北科技学院对工作面的水害形成条件进行了详细分析和对陷落柱充填物进行了仔细观察,最终证实水害属于顶板次生离层水事故[32]。

分析认为,$2^{\#}$ 煤顶板为厚 62 m 的黏土隔水层,该隔水层上方为厚 11.2 m 的中砂岩,工作面开采期间,两岩层间出现离层空间并积水,连续的大气降水为离层空间提供了充足的补给水源,从而导致严重的突水事故。

1.2.7 内蒙古自治区煤矿

（1）石拉乌素煤矿

石拉乌素煤矿 103A 工作面为该矿南翼首采面,工作面走向长 1 100 m,宽 294 m,开采侏罗系延安组 2 号煤,平均采厚为 10 m,煤层倾角小,属于近水平煤层。工作面回采期间有多处涌水量突增情况,其中 2018 年 1 月 6 日,工作面推进 554 m,涌水量由 374 m^3/h 增加至 646 m^3/h,不久增至 900 m^3/h。工作面回采期间涌水量和洛河组水位变化如图 1.5 所示,工作面涌水量增量超过 50 m^3/h 的突水记录如表 1.3 所示。由于矿井排水能力充足和排水设施安装及时,此次突水未造成安全事故[33]。

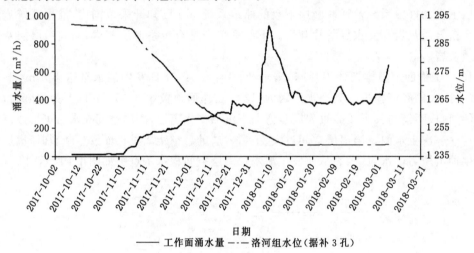

图 1.5 工作面回采期间涌水量和洛河组水位变化

表 1.3 工作面涌水量增量超过 50 m^3/h 的突水记录

时间	累计进尺 /m	涌水量/(m^3/h)		涌水量增幅/%
		突涌前	突涌后	
2017-12-23 至 2017-12-25	487	298	381	28
2018-01-06 至 2018-01-10	554	374	921	146
2018-01-20 至 2018-01-21	603	416	469	13
2018-02-09 至 2018-02-12	691	378	492	30
2018-02-25 至 2018-02-28	721	371	438	18
2018-03-03 至 2018-03-05	748	432	569	32

（2）上海一号煤矿

111084 工作面是 8 煤层第二个回采工作面,走向长度为 1 880 m,宽度为 210 m,煤层平均采厚为 3.5 m,开采范围标高为 −358～−414 m,与相邻工作面之间留设 20 m 宽的煤柱。该工作面构造简单,未揭露到断层。该工作面于2014年6月20日开始回采,同年7月27日推进141 m时第88#综采支架前端顶板出现淋水现象,28日5:00达最大涌水量2 000 m³/h,此后涌水量快速衰减,1周后涌水量稳定为50 m³/h;2014年8月30日上午10:10涌水量由此前的50 m³/h猛增到1 500 m³/h,5 d后涌水量稳定在15 m³/h;2014年10月18日凌晨3:00涌水量由此前的15 m³/h增加到300 m³/h,3 d后涌水量稳定在10 m³/h左右;2014年12月8日15:00涌水量由此前的10 m³/h增大至100 m³/h,1周后涌水量稳定在5 m³/h,此后涌水量稳定。此时事故总出水量约23.3万m³,携带泥沙约3.58万m³,该工作面及回风巷、运输巷被泥沙淹没[34-35]。

通过111084工作面附近Z1和Z3水文孔观测侏罗系直罗组七里镇砂岩含水层水位发现,该工作面突水期间,Z1水文孔中该水位累计下降了37 m,Z3水文孔中该水位累计下降了48 m,而8煤层顶板砂岩含水层水位无明显变化,故确定直罗组七里镇砂岩含水层为该工作面主要突水水源。

1.2.8 陕西省煤矿

(1) 崔木煤矿

崔木煤矿位于陕西省黄陇侏罗系煤田永陇矿区麟游区东北端,为掩盖式煤田。含煤地层为延安组,3号主采煤层的埋深为540~600 m,倾角为3°~6°,煤厚为14.75~17.30 m,平均厚度为16.89 m。

崔木煤矿21盘区21301工作面累计突水12次、21302工作面累计突水6次,最大突水量高达1 300 m³/h,顶板水害威胁严重,21301和21302两个工作面的异常涌水情况分别如表1.4和表1.5所示[36-38]。

表1.4 21301工作面异常涌水情况

时间	累计进尺 /m	最大涌水量 /(m³/h)	当日涌水总量 /m³	来压情况	备注
2012-06-13	180	64	4 320	—	工作面老塘出水
2012-06-22	210	57	4 608	—	工作面老塘出水
2012-06-28	220	70	3 072	—	工作面老塘出水
2012-07-17	300	110	7 920	—	工作面老塘出水
2012-07-21	315	110	4 780	—	工作面老塘出水
2012-07-28	345	1 300	10 800	冒顶	有洛河组含水层水参与,含泥量高
2012-09-30	495	>1 000	5 000	顶板压力增大,片帮	有洛河组含水层水参与
2012-10-03	495	>1 000	8 000	片帮严重,压架	工作面老塘出水
2012-10-27	495	>500	60 059	来压,瓦斯超限	有洛河组含水层水参与
2012-12-18	590	150	15 727	—	有洛河组含水层水参与,含泥量高
2013-03-02	785	1 100	17 710	矿压增大,片帮	洛河组离层水
2013-03-17	841	>545.4	22 363	工作面来压,压架	有洛河组含水层水参与

表 1.5　21302 工作面异常涌水情况

时间	累计进尺 /m	最大涌水量 /(m³/h)	当日涌水总量 /(m³)	来压情况	备注
2013-05-18	219	220	5 300	出现压架	含泥量高
2013-05-25	—	>200	3 500	架前漏顶	—
2013-05-31	228	120	6 700	矿压增大	离层水,浑浊
2013-06-18	232	500	40 000	矿压明显	离层水,含泥量高
2013-10-18	422	250	19 391	矿压增大,片帮,压架	以洛河组含水层水为主
2014-01-24	590	60	5 300		含泥量高

经分析认为,煤层顶板白垩系砂岩和侏罗系安定组泥岩层间形成了离层空间,洛河组、宜君组砂岩含水层对其进行充水。充水离层发育于导水裂缝带内,泥岩质体遇水崩解,破碎颗粒填充采动产生的导水裂隙,因而离层空间能够稳定积水。

(2) 玉华煤矿

玉华煤矿 1418 工作面为井田一盘区回采的最后一个工作面,工作面走向长度为 1 997.8 m,倾向长度为 180 m,主采煤层为 4⁻² 煤,平均煤厚约为 12 m,煤层倾角为 3°～8°,采用走向长壁综采放顶煤垮落法回采工艺。自 2012 年 3 月以来,1418 工作面发生多次顶板突水事故(表 1.6)。首次突水瞬时涌水量较大,但短时间内涌水量会稳定衰减并恢复正常,工作面继续回采过程中多次发生类似的突水现象[39-40]。

表 1.6　2012 年 3 月以来 1418 工作面突水情况

累计进尺 /m	突水时间	最大涌水量 /(m³/h)	持续时间 /d	当日涌水总量 /m³
725	2012-03-31	600	3	5 000
883	2012-05-26	590	3	5 500
1 437	2012-12-04	249	—	2 750
1 643	2013-02-21	—	—	12 000
1 798	2013-04-18	400	1	1 000
1 900	2013-05-26	200	1	600

分析认为,上覆宜君组粗砾岩和直罗组泥岩之间形成了离层,充水水源来自洛河组和延安组砂岩含水层。根据矿井实测和模拟计算结果分析认为,4⁻² 煤开采过程中导水裂缝带的发育高度为 257 m,波及离层空间,泥岩遇水崩解并充填采动裂隙使离层空间又能稳定积水,因而随着工作面推进出现透水事故。

(3) 照金煤矿

照金煤矿位于黄陇煤田旬耀矿区南缘,主采煤层为 4⁻² 煤。118 工作面走向长度为 1 000 m,倾向长度为 125 m,煤层平均厚度为 8 m,倾角为 2°～4°,倾向南东,采用近水平走向长壁综采放顶煤工艺进行回采,机采 3.8 m,放顶煤 4.2 m。2013 年 7 月 19 日 00:31,监控中心显示 118 工作面上隅角 CH_4 传感器超限报警;CH_4 浓度降为 0.5%(正常 2.5% 左右)。1:30,井下汇报 118 工作面运输巷 600 m 和回风巷 570 m 处有水流出,紧接着工作面被淹。突水发生后,矿方立即采取措施排水,排水能力达 260 m³/h,水位不再上涨。截止到 2013 年 8 月 5 日 8 点,118 工作面排水工作基本结束,涌水总量约为 5 万 m³[41]。

分析认为:宜君组砾岩(平均厚度为 22.5 m)与下伏泥岩(平均厚度为 15 m)之间形成离层、裂隙空间,洛河组弱含水层向离层空间下渗积水。在水-岩耦合作用下,泥岩内的裂隙向上扩展发育,从而发生了离层水突涌事故。

(4)大佛寺煤矿

大佛寺煤矿位于陕西省彬县境内,可采煤层为侏罗系下统延安组含煤地层 4 号、4上 号煤层,采煤方法为一次采全高,矿井充水方式以顶板充水为主。41104 工作面为 411 采区首采面,于 2012 年 1 月投产,同年 12 月中旬回采结束,工作面开采过程中涌水次数较多,最大涌水量达 500 m³/h。而 41103 工作面(开采 4上 煤层)后端涌水具有与 41104 工作面涌水相似的特征,2013 年 7 月上旬至 8 月已发生三次涌水突然增加的情况,最大涌水量为 600 m³/h[42]。

经综合分析认为,工作面回采初期,顶板尚未垮落,导水裂缝带未完全发育,为 4上 号煤层顶板约 60 m 范围内的侏罗系直罗组、延安组含水层与层间泥岩之间发育离层空间提供了条件,同时离层处于含水层内,逐渐积水形成离层水。随着工作面推进,存在周期来压,基本顶垮落,采动裂隙进一步扩展发育,波及离层积水位置后导致了工作面涌水。

(5)火石咀煤矿

火石咀煤矿主采煤层为 4 煤,煤层厚度为 0.80~16.57 m,平均厚度为 7.54 m。矿井主要含水层是洛河组、宜君组砂岩含水层。矿井在以往的开采过程中每个工作面均发生不同程度的顶板透水事故,最大涌水量为 1 000 m³/h。分析认为,煤层顶板白垩系砂岩和侏罗系安定组泥岩间形成离层空间,上部洛河组、宜君组砂岩向离层空间渗流孔隙、裂隙水,随着工作面的推进,导致了离层水突涌事故[6]。

(6)郭家河煤矿

郭家河煤矿主采 3 号煤层,煤层厚度为 0.55~26.83 m,平均厚度为 11.88 m。结构以较简单到简单为主,属于稳定性煤层。2012 年 8 月 24 日,1303 工作面回采至 570 m 处发生出水,持续 2 天,涌水量为 400~500 m³/h,在回采之前预先施工探放水钻孔进行疏放,最终未出现涌水情况[43]。

分析认为,在工作面回采期间,顶板白垩系砂岩和安定组泥岩形成离层空间,该空间接受上部含水层水源补给并逐渐积水,直到某个时期采动裂隙导通泥岩层,从而发生离层水突涌事故。

1.2.9 宁夏回族自治区煤矿

(1)红柳煤矿

红柳煤矿 1121 综采工作面位于红柳井田中东部,矿井工业广场西北方向,工作面回采煤层为 2 号煤,埋深为 180~350 m。工作面走向长度为 1 379 m,倾向长度为 302.5 m,煤厚为 4.3~5.8 m,平均为 5.3 m,煤层倾角为 5.3°~15.5°,平均为 8.5°,可采储量 274.48 万吨。

2010 年,1121 综采工作面初采期推进 186 m 时,先后发生了 4 次较大规模的突水,最大涌水量为 3 000 m³/h,工作面和两侧巷道均被淹[44-45]。

分析认为,威胁 2 号煤安全开采的水害因素有基本顶直罗组底部粗砂岩含水层水、冲刷带含水层水及回采后顶板离层水,其中离层水是突水事故的直接原因。

1.2.10 甘肃省煤矿

大柳煤矿一采区为矿井首采区之一,煤 4 为矿井的主采煤层,1401 工作面的走向长度为 1 800 m,面长为 192 m,平均煤厚为 6.4 m,现已回采完毕。工作面回采至 1 472 m 时发生涌水事故,最大涌水量为 91.4 m³/h。1402 工作面走向长度为 1 690 m,工作面长度为 192 m,平均煤厚为 5.9 m。工作面回采 1 420 m 时,工作面下段回采动压加剧,出现片帮、抽冒、切顶和压死架等现象,支架前探梁处出现涌水,呈白色乳状、无味,涌水量迅速增大(40～430 m³/h),之后逐渐减小,直至稳定在 60 m³/h[46]。

根据涌水水质检验结果可知,涌水水质类型为 $HCO_3 \cdot SO_4 - Na \cdot Ca$ 型,矿化度为 1.016 4 g/L,工作面涌水以志丹群砂、砾岩含水层水为主。结合导水裂缝带高度分析结果,志丹群砂、砾岩含水层下部为巨厚砾岩层,下伏的粉砂岩、泥岩含水层为极弱至中等富水性岩层,两岩层间形成了可稳定积水的离层空间。

1.2.11 新疆维吾尔自治区煤矿

沙吉海煤矿位于准噶尔盆地西北缘,矿井 B1003W01 首采工作面面长为 200 m,推进长度约 2 000 m,工作面范围内 B10 煤层厚度为 7.0～8.2 m,平均为 7.6 m,采用综合机械化放顶煤开采工艺。近年来,在沙吉海煤矿 B10 煤层的开采实践中发现煤层上覆岩层在采动后有形成离层空间并充水的情况,这对工作面开采产生了潜在威胁[47]。

分析认为,上覆中-粗砂岩在应力作用下沿层面发生剪切破坏并分离,逐渐扩展发育形成离层空间。中粗砂岩含水层内的地下水通过原生裂隙、孔隙迅速渗流至离层带,离层空间积水量稳定。

1.2.12 重庆市煤矿

(1)南桐一井和二井

南桐一、二井早期按顺序开采各煤层时未出现顶板透水事故。然而,在开采 4 煤层时,先后在 5404、5406、5403、6405 和 6403 工作面发生多次顶板突水事故,最大突水量达 963 m³/h,严重时产生了底板推移、顶板垮塌、设备埋没和人员伤亡等情况。

为了研究突水原因,通过地面钻孔发现离层裂隙的存在,且主要分布在煤系上部的硅质灰岩中(2# 离裂)、长兴组与煤系的交界面(3# 离裂)、长兴组一段与二段的交界面(4# 离裂);4 煤层采厚较大,距 5 煤层开采后在长兴组灰岩中形成的离层水体较近。这使得在 4 煤层开采时的采动裂隙切穿 5 煤层的离层水,从而发生采区顶板透水事故[6,48]。

(2)鱼田堡煤矿

该煤矿顶板为长兴组灰岩、底板为茅口组灰岩,主采 K1、K2 和 K3 煤层。1985 年,2403 工作面顶板发生突水,最大涌水量达 1 500 m³/h。经研究分析确定为离层透水事故,K2 煤层开采过程中顶板约 51.8 m 处出现离层空间且积水量稳定,其中长兴组灰岩及玉龙山组灰岩含水层确定为直接充水水源。之后 K3 煤层的开采引发重复扰动,导水裂缝带高度增大,从而最终导致离层水突涌事故[49]。

(3)打通一矿

打通一矿 E2807 工作面位于鱼跳背斜北部,煤层平均厚度为 3.21 m,倾角为 8°～12°,工作面倾向长度为 830 m,走向长度为 183 m。2014 年 1 月初工作面开始回采,当月 27 日顶板发生大面积垮塌,大量顶板水突涌,造成工作面被淹长达 3 天。2015 年 7 月 14 日,E2807 工作面煤壁发生大面积垮塌,机尾涌水量达 30 m³/h,80 号至 90 号支架处最大涌水量为 100 m³/h,从而导致该工作面长时间被淹。此外,S1809、S1714、S1813 工作面发生相似水害。

分析认为,M7-3 煤层回采后,上覆长兴组、玉龙山组含水层对下部的离层空间补给形成离层水,随着 M8 煤层的回采,离层水体下部的隔水层被破坏,从而造成顶板突水事故[50]。

1.2.13 贵州省煤矿

中岭煤矿位于贵州省纳雍县中岭镇境内,属于溶蚀—侵蚀中山地貌。3# 煤层厚度约为 1.5 m,顶板分别为 11 m 厚的细砂岩、9.6 m 厚的黏土岩。2016 年 6 月 20 日至 7 月 5 日,地面发生 3 次暴雨灾害,雨后中岭煤矿老采空区发生突水,涌水量共计 5 000 m³,造成工作面被淹[51]。

分析认为,3# 煤层顶板长时间存在完整离层空间,底部为黏土岩,上部为细砂岩。大气降水发生后,大量雨水渗流进入离层空间,引发离层突涌事故。

1.3 顶板离层水突涌煤矿区域划分及分布

发生离层水突涌事故的主要煤矿分布本团队已进行了详细统计。从统计结果看,发生离层水突涌事故的煤矿分布广泛,存在于山东、安徽、陕西、辽宁、甘肃等 13 个省份,各地区岩层沉积环境不同,离层水发生突涌的机理复杂多变。

1.3.1 离层水突涌煤矿区域划分

我们根据相邻区域地质条件相似的特点将上述煤矿归类为东部地区、西南地区和西北地区三个区域以便分析。

东部地区主要发生在辽宁、山东、安徽、河北和江苏 5 省份,各煤矿具有离层空间发育在导水裂缝带之上、含水层富水性大部分较弱、动力水压影响离层水突涌情况较多等特点。东部地区发生离层水突涌事故煤矿情况如表 1.7 所示。

西南地区主要发生在重庆和贵州两地,事故矿井数量相对较少,这也和西南地区煤矿的多煤层、高瓦斯等复杂地质条件有关。

重庆的煤矿发生离层水突涌事故主要是由于多煤层开采,上煤层开采期间,离层空间开始发育并逐步积聚大量离层水,下煤层推进时,采动影响更为强烈,导水裂缝带快速向上发育导致下位岩层发生拉剪破坏。贵州省中岭煤矿在 3 次暴雨环境下含水层充水能力大大加强,离层水迅速积满离层空间最终引发离层水突涌事故。西南地区发生离层水突涌事故煤矿情况如表 1.8 所示。

表 1.7　东部地区发生离层水突涌事故煤矿情况

所属地	煤矿名称及工作面	时间	离层水水源	隔水层	富水性	离层距煤层高度 h/m	导水裂缝带高度 h/m	最大涌水量 /(m³/h)	事故后果
安徽淮北	海孜煤矿 745 工作面	2005-05-21	太原组中粒砂岩水	泥岩	中等	62	42	3 887	工作面被淹，5 人遇难
	杨柳煤矿 10414 工作面	2017-07-18	闪长玢岩水	泥岩	弱	104.1	83.5	—	潜在威胁
安徽新集	新集一矿 1307 工作面	2003-01-30	坚硬片麻岩水	砂页岩	弱	52	40.5	400	工作面被淹，被迫停产
	新集二矿 1113104 工作面	2001-12-28			弱	—	—	85	潜在威胁
河北开滦	范各庄煤矿 3090S 工作面	—	砂岩水	炭质泥岩	弱	54.8	41.3	60	潜在威胁
山东济宁	济宁二号煤矿 11305 工作面	2007-07	砂岩水	黏土岩	弱至中等	49.75	—	356	工作面被淹，被迫停产
	王楼煤矿 11305 工作面	2008-07-27	侏罗系砂岩水	下石盒子组泥岩	弱至中等	68.4	38.4	450	潜在威胁
	王楼煤矿 13301 工作面	2012-12	—	—	—	90	43.2	790	—
山东新汶	华丰煤矿 1409 工作面	2005-09	官庄组砂砾岩水	上石盒子组黏土岩	弱	130	86	720	工作面被淹，被迫停产
辽宁抚顺	老虎台煤矿 73003# 工作面	2007-03-10	白垩系砂岩水	油母页岩、绿色页岩	较弱	236	—	6 000	工作面被淹，29 人遇难
辽宁铁法	大明煤矿 EW416 工作面	2013-09-17	白垩系上部砂岩水	粉砂岩	弱	100	—	185	工作面被淹，被迫停产
江苏沛县	徐庄煤矿 7199 工作面和 7331 工作面	2002-01	第四系底部砂岩水	分界砂岩	弱	57.2	—	540 385	潜在威胁

表 1.8 西南地区发生离层水突涌事故煤矿情况

所属地	煤矿名称及工作面	时间	离层水水源	富水性	离层距煤层高度 h/m	导水裂缝带高度 h/m	最大涌水量 $/(m^3/h)$
重庆南桐	南桐一井 6406 工作面	1966-08-23	长兴组灰岩裂隙水	弱至中等	76	23	963
	南桐二井 5406 工作面	1966-06-02	长兴组灰岩裂隙水				442
重庆松藻	鱼田堡矿 2403 工作面	1985	长兴组灰岩裂隙水	弱至中等	51.8	33.3	1 500
	打通一矿 S1818 工作面	2006-07-15			50	23	432
	打通一矿 S1821 工作面	2008-12-02	玉龙山组灰岩含水层水	弱	—	—	650
	打通一矿 E2807 工作面	2014-01-27			—	—	100
贵州纳雍	中岭煤矿 11034 工作面	2016-06-20	细砂岩水	弱	22.26	18.2	15 000

西北地区是我国主要的煤炭生产基地,煤层埋深相对较浅、储量大,地质条件较简单,便于开采。煤层大多较厚,设计开采高度也较大,导致导水裂缝带发育高度很大。一般情况下,导水裂缝带内部岩层裂缝密布,离层水很难进行有效积水。

西部煤矿的泥岩在浸水作用下会出现软化现象,接触面会吸水膨胀、崩解为细微颗粒,逐渐填堵导水裂缝带的裂缝形成再生隔水层。泥岩内部节理发育,产生的导水裂隙具有不规则性,从而使内部的松散泥岩颗粒能够有效沉积于泥岩之上,这导致再生隔水层具有一定的承压能力,进而为离层水积聚甚至突涌提供了客观条件。西北地区发生离层水突涌事故煤矿情况如表 1.9 所示。

1.3.2 离层水突涌煤矿分布

通过分析上述煤矿地质参数可得出,在空间分布上,全国发生离层水突涌的煤矿呈现较散乱、无明显规律的分布特点。但可发现有 3 个区域为离层水突涌事故密集带,分别为陕宁区域、重庆区域和淮河区域。这些区域相隔较远,地质条件差异性较大,其离层水突涌机理可能相差很大,部分煤矿的突水机制甚至难以解释清楚。

因此,需要从离层水突涌密集区域的煤矿逐步向周围矿区扩展研究,分析煤矿离层水突涌机理,总结离层水突涌类型和对应的作用机制,从而提出更有针对性的防治措施。

表 1.9　西北地区发生离层水突涌事故煤矿情况

所属地	煤矿名称及工作面	时间	离层水水源	富水性	离层距煤层垂直距离 h/m	导水裂隙带高度 h/m	最大涌水量/(m³/h)	备注
陕西宝鸡	崔木煤矿 21301 工作面	2013-03-02	洛河组、宜君组砂岩水	中等	169	185	1 100	来压明显,水质含泥
	崔木煤矿 21302 工作面	—			—	—	500	
	崔木煤矿 21303 工作面	—			—	—	570	
陕西铜川	玉华煤矿 1412 工作面	2011-05-05	洛河组中粒砂岩、宜君组粗砾岩水	弱	143	257.26	2 000	水质含泥
	玉华煤矿 1418 工作面	2012-03-31			149.75	—	600	水质含泥
	照金煤矿 118 工作面	2013-07-19	宜君组粗砾岩水	弱至中等	170	—	2 000	水质含泥
陕西彬长	大佛寺煤矿 41103 工作面	2010-07	洛河组、宜君组砂岩水	弱	156.8	245	600	周期来压明显,水质含泥
	大佛寺煤矿 41104 工作面			弱			500	
	火石咀煤矿 8714 工作面	2003-08-23	洛河组、宜君组砂岩水	弱	179	300	100	来压明显,水质含泥
	火石咀煤矿 8506 工作面						—	
陕西宝鸡	郭家河煤矿 1303 工作面	2012-08-24	洛河组、宜君组砂岩水	弱	240.59	260.97	2 300	水质含泥
	郭家河煤矿 1304 工作面						500	
	郭家河煤矿 1306 工作面						1 200	
宁夏灵武	红柳煤矿 1121 工作面	2009-09	直罗组粗砂岩水（下段上分组）	弱	50	62.59	3 000	—
甘肃华亭	大柳煤矿 1401 工作面	2013-04-13	志丹群砂岩水	弱至中等	68.2	60	430	—
新疆沙吉海	沙吉海煤矿 B1003 W01 工作面	2016-12	西山窑组上段粗砂岩水	极弱	50	—	—	—
内蒙古伊金霍洛旗	石拉乌素煤矿 103A 工作面	2018-01-06	洛河组中砂岩水	较弱	270	—	921.4	—
内蒙古鄂托克前旗	上海一号煤矿 111084 工作面	2014-06-24	直罗组砂岩水	弱至中等	32	33.66	2 000	水质含泥
山西清徐	李家楼煤矿 1202 工作面	2016-07	中砂岩水	弱	62	56	3158	地面降雨积水

参 考 文 献

[1]　程新明,王经明.海孜煤矿顶板离层水害的成因与防治研究[J].煤炭工程,2008,40(7): 60-62.

[2]　陆秋妤.坚硬覆岩破断离层水动力涌突危险性预测评价:以杨柳矿为例[D].徐州:中国矿业大学,2019.

[3]　ZHANGWQ,ZHUXX,XUSX,et al.Experimental study on properties of a new type of grouting material for the reinforcement of fractured seam floor[J].Journal of materials research and technology,2019,8(6):5271-5282.

[4]　南莹浩.王楼煤矿离层形成及其突水机理研究[D].廊坊:华北科技学院,2018.

[5]　孙学阳,付恒心,寇规规,等.综采工作面顶板次生离层水害形成机理分析[J].采矿与安全工程学报,2017,34(4):678-683.

[6]　曹海东.煤层开采覆岩离层水体致灾机理与防控技术研究[D].北京:煤炭科学研究总院,2018.

[7]　孙学阳,刘自强,杜荣军,等.煤层顶板次生离层水周期突水致灾过程模拟[J].煤炭学报,2016,41(增刊2):510-516.

[8]　张润兵.杨柳煤矿上覆双层厚硬火成岩破断运移规律研究[D].徐州:中国矿业大学,2014.

[9]　张金涛.华丰煤矿第三系砾岩水与开采四层煤关系[J].煤田地质与勘探,2002,30(5): 35-38.

[10]　施龙青,于小鸽,魏久传,等.华丰井田4煤层顶板砾岩水突出影响因素分析[J].中国矿业大学学报,2010,39(1):26-31,44.

[11]　刘心广,王秀莲,李小琴.济宁二号煤矿覆岩离层积水诱发异常涌水分析[J].山东煤炭科技,2011(6):90-91.

[12]　方刚,靳德武.铜川玉华煤矿顶板离层水突水机理与防治[J].煤田地质与勘探,2016,44(3):57-64.

[13]　张延波,李东发,吕晓磊,等.沙吉海煤矿离层水形成机理与防治技术研究[J].煤炭工程,2017,49(增刊):107-109.

[14]　李新凤,白锦琳.济宁三号煤矿采场顶板离层水对生产的影响[J].煤矿开采,2016,21(5):98-100.

[15]　张新成,潘旭,刘敬陶,等.铁法煤田大明矿EW416综采工作面顶板离层水成因分析[J].中国煤炭地质,2018,30(1):48-51.

[16]　马莲净,赵宝峰,徐会军,等.特厚煤层分层综放开采断层-离层耦合溃水机理[J].煤炭学报,2019,44(2):567-575.

[17]　雷家好.特厚煤层综放开采诱发上覆岩体水文特性的研究[D].北京:北方工业大学,2012.

[18]　白林.范各庄矿3093S工作面顶板离层水突水原因分析[J].煤炭与化工,2018,41(4):51-53,56.

[19] 周玉华.济宁二号煤矿 11305 工作面煤层顶板离层水成因分析[C]//中国煤炭学会矿井地质专业委员会.中国煤炭学会矿井地质专业委员会论文集,2009.

[20] 曹丁涛.离层静水压突水及其防治[J].水文地质工程地质,2013,40(2):9-12,41.

[21] 肖庆华.王楼煤矿 13301 工作面复杂含水层出水治理技术研究[J].山东煤炭科技,2014(10):155-156.

[22] 高乐.王楼煤矿 13301 工作面突水水源及通道分析研究[J].山东煤炭科技,2014(8):162-163,166.

[23] 吕玉广.王楼井田"两水源三通道"充水实例[J].煤炭科技,2012(2):80-82.

[24] 任智德.王楼煤矿 3$_\text{上}$ 煤层顶底板砂岩水综合防治技术[J].山东煤炭科技,2010(2):185-187.

[25] 景继东,施龙青,李子林,等.华丰煤矿顶板突水机理研究[J].中国矿业大学学报,2006,35(5):642-647.

[26] 禹云雷,吴基文.徐庄煤矿井田东翼构造复杂区顶板突水机理研究[J].能源技术与管理,2018,43(5):9-11.

[27] 李小琴.坚硬覆岩下重复采动离层水涌突机理研究[D].徐州:中国矿业大学,2011.

[28] 王经明,喻道慧.煤层顶板次生离层水害成因的模拟研究[J].岩土工程学报,2010,32(2):231-236.

[29] 任春辉,李文平,李忠凯,等.巨厚岩层下煤层顶板水突水机理及防治技术[J].煤炭科学技术,2008,36(5):46-48.

[30] 韩东亚,王经明.海孜煤矿顶板次生离层水的形成与防治[J].华北科技学院学报,2008,5(1):9-12.

[31] 王争鸣,王经明.新集矿区推覆体下采煤离层水的成因与防治[J].能源技术与管理,2008,33(3):55-57.

[32] 高飞,桑赟.李家楼煤矿离层水害的成因与防治[J].华北科技学院学报,2017,14(6):12-16.

[33] 赵东良.石拉乌素矿离层水涌突机理研究[D].徐州:中国矿业大学,2020.

[34] 吕玉广,肖庆华,程久龙.弱富水软岩水-沙混合型突水机制与防治技术:以上海庙矿区为例[J].煤炭学报,2019,44(10):3154-3163.

[35] 吕玉广,齐东合.内蒙古鄂托克前旗新上海一号煤矿 111084 工作面突水原因与机理[J].中国煤炭地质,2016,28(9):53-57.

[36] 段立强,胡上峰,马少华,等.地面直通式泄水孔在煤矿离层水防治中的应用[J].陕西煤炭,2019,38(6):131-135.

[37] 吕广罗,李文平,黄阳,等.综放开采煤层顶板离层积水涌突特征及防治关键技术研究[J].中国煤炭地质,2016,28(11):55-61.

[38] 林青,乔伟.崔木煤矿顶板离层水防治技术[J].煤炭科学技术,2016,44(3):129-134.

[39] 方刚,靳德武.铜川玉华煤矿顶板离层水突水机理与防治[J].煤田地质与勘探,2016,44(3):57-64.

[40] 殷兴旺,田树伟.焦坪矿区玉华煤矿顶板离层水害治理研究[J].陕西煤炭,2015,34(1):19-21.

[41] 凌志强,邓军,冯武林,等.照金煤矿综放工作面顶板突水事故原因分析[J].煤矿安全,2014,45(8):196-198,202.

[42] 胡明利,张进军.大佛寺煤矿 41103 工作面防治水技术[C]//陕西省煤炭工业协会.煤矿水害防治技术研究:陕西省煤炭学会学术年会论文集(2013).陕西省煤炭学会,2013.

[43] 何也,杨国栋,黄美涛.郭家河煤业公司顶板离层突水规律及防治技术研究[J].能源技术与管理,2018,43(1):95-96,100.

[44] 田文华.综采面顶板离层水害"四位一体"防治措施的形成与应用[J].神华科技,2013,11(5):27-31.

[45] 褚彦德.宁东鸳鸯湖矿区红柳煤矿顶板砂岩突水机理分析[J].中国煤炭地质,2013,25(4):34-39.

[46] 姜国成.华亭大柳煤矿综放工作面顶板离层水层位分析[J].煤炭工程,2016,48(7):69-70,74.

[47] 张延波,李东发,吕晓磊,等.沙吉海煤矿离层水形成机理与防治技术研究[J].煤炭工程,2017,49(增刊):107-109.

[48] 谢宪德.南桐煤矿深部采区离层裂隙突水的原因及其防治[J].煤矿安全,1997,28(1):31-35.

[49] 程军,姚光华.鱼田堡煤矿水文地质特征及深部突水模式分析[J].中国煤田地质,2007,19(5):31-34.

[50] 熊天君.近水平中厚煤层水患形成机理及防治[C]//贵州省煤炭学会.川、渝、滇、黔、桂煤炭学会 2015 年度学术年会(重庆部分)论文集.贵州省煤炭学会:重庆市煤炭学会,2015.

[51] 赵亚飞,王经明.煤矿离层水害的成因与防治[J].煤炭技术,2019,38(6):115-117.

第 2 章　岩层成分及物理力学特征

2.1　不同岩石矿物成分

　　在煤矿开采区域对煤层上覆岩层钻取岩心,选取不同深度的岩心对其进行薄片鉴定,并对其微观成分进行分析。图 2.1 呈现了钻取岩心到鉴定薄片再到分析岩石微观成分的整个流程。首先,按照地层在地面到煤层顶板范围内取心,根据所取岩心制作鉴定薄片以分析岩石成分和各成分的百分含量(体积百分含量,下同);其次,根据成分对不同岩层的结构构造进行研究,明确岩石的类别;最后,对顶板岩层的宏观分布特征进行分析,并根据分析结果对

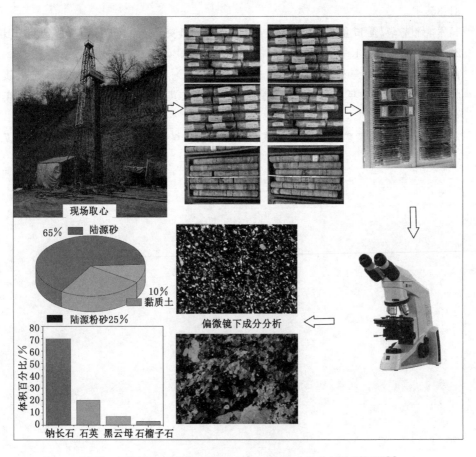

图 2.1　不同深度的岩层矿物从岩心取样到成分分析的流程图[1]

该区域是否具有离层产生的地质条件进行初步判断。本次试验从煤层上覆岩层中共钻取了 102 个岩心样并对它们进行了薄片鉴定和微观分析,对具有代表性的岩层成分鉴定结果作了详细描述,不同岩石矿物成分及其微观结构如图 2.2 至图 2.11 所示。

第一类岩石主要的组成成分为陆源砂、陆源粉砂、陆源砾和少量黏土质,该类岩石的微观结构、矿物成分及其百分含量如图 2.2 至图 2.7 所示。

（1）含黏土质细砂岩

如图 2.2 所示,此类岩石的主要矿物成分是陆源砂、陆源粉砂和黏土质。陆源砂和陆源粉砂构成主要的细粒结构,使得岩石在宏观力学方面具有较强的刚度和强度。其矿物成分还有少量的黏土质分布于上述陆源粉砂和陆源砂之间,黏土质增加了岩石在宏观力学方面的弹塑性,使岩石的变形具有一定的特性。在高倍显微镜下此类细砂岩的微观结构呈现出如图 2.2 所示的细粒砂状特征。

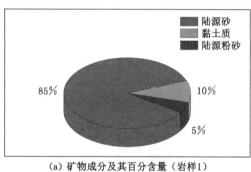
（a）矿物成分及其百分含量（岩样1）

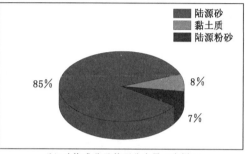
（b）矿物成分及其百分含量（岩样2）

（c）矿物成分微观结构（岩样1）

（d）矿物成分微观结构（岩样2）

图 2.2　含黏土质细砂岩矿物成分及其微观结构

（2）中粒砂岩

如图 2.3（a）所示,中粒砂岩的矿物成分主要是陆源砂,其他成分还有陆源砾和填隙物,其中陆源砂百分含量约为 94%,陆源砾百分含量约为 1%,填隙物由黏土杂基和微量的钙质胶结物组成,约占 5%。其微观结构呈颗粒支撑,并以接触-孔隙的形式相互胶结成整体。在高倍显微镜下该类岩石微观结构呈现中细粒砂状结构,如图 2.3（b）所示。根据其组成成分可推测含黏土质岩石的刚度和强度相对中粒砂岩的较小。中粒砂岩的陆源砂含量多于含黏土质细砂岩的,且中粒砂岩不含黏土质成分,这些因素对中粒砂岩的岩石物理力学性质具有关键影响。

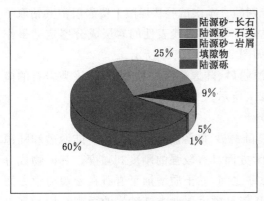

（a）矿物成分及其百分含量　　　　　　　　　　（b）矿物成分微观结构

图 2.3　中粒砂岩矿物成分及其微观结构

（3）含黏土质粉砂岩

如图 2.4 所示，该类岩石的矿物成分由 75％的陆源粉砂、砂和 25％的黏土质组成，该类岩石具有一定的变形能力，这是由于所含的黏土质对其塑性特征有改变作用，在该类岩石整体上呈现较小强度和刚度的特征。如图 2.4 所示，在高倍显微镜下其微观结构呈泥质粉砂

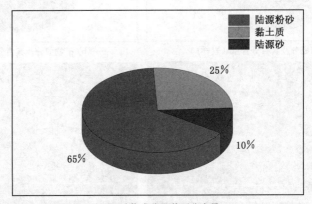

（a）矿物成分及其百分含量

（b）矿物成分微观结构（岩样3）　　　　　　（c）矿物成分微观结构（岩样4）

图 2.4　含黏土质粉砂岩矿物成分及其微观结构

状特征。将含黏土质粉砂岩和含黏土质细砂岩进行比较,可以看出含黏土质粉砂岩的黏土质成分百分含量大于含黏土质细砂岩的,黏土质的含量对于岩层的物理力学性质具有较大影响,这样的差异性在宏观上表现为岩板的曲率不同。

（4）粗粒砂岩

如图 2.5 所示,该类岩石的矿物成分由陆源砂、填隙物组成。陆源砂以粗砂为主,粒径为 0.5～2.0 mm,还有少量粒径为 2.0～2.1 mm 的陆源砾。陆源砂主要成分为长石、石英、岩屑等。填隙物由微量的钙质胶结物组成。在高倍显微镜下,该类岩石呈中粗粒砂状结构。由于该类岩石不含黏土质等能够增强岩石塑性的矿物,因此呈现较大的刚度和强度,其弹塑性相对其他岩层不明显。粗粒砂岩与中粒砂岩的成分基本相同,但成分含量与微观结构不同。

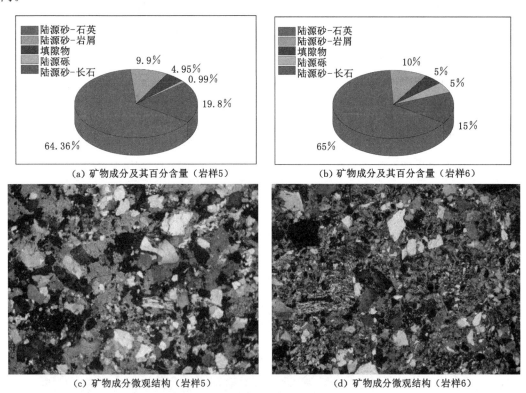

（a）矿物成分及其百分含量（岩样5）　　　（b）矿物成分及其百分含量（岩样6）

（c）矿物成分微观结构（岩样5）　　　（d）矿物成分微观结构（岩样6）

图 2.5　粗粒砂岩矿物成分及其微观结构

（5）砾岩

如图 2.6 所示,砾岩由陆源砾、陆源砂以及填隙物组成。陆源砾的粒径为 2.0～38.0 mm（结合标本）,陆源砂的粒径为 0.15～2.0 mm,含量较少,其分选性差,杂乱分布,填隙物由钙质胶结物组成,呈颗粒支撑和孔隙式胶结。在高倍显微镜下,其微观结构呈现砂质砾状特征,该类岩石的刚度和强度较大,弹性和塑性极弱,受到的破坏一般为剪切破坏且较为明显。陆源砾的粒径差异性比较大,具有较好的级配,从而使砾岩具有较高的强度。与其他岩石相比,砾岩最大的不同是陆源砾的含量,其陆源砾的百分含量达 70%,从而使砾岩与其他岩石在物理力学特征上表现出较大的不同。

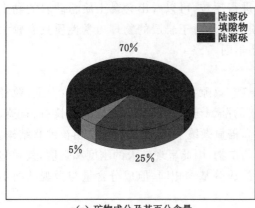

（a）矿物成分及其百分含量　　　　　　　（b）矿物成分微观结构

图 2.6　砂质砾岩矿物成分及其微观结构

（6）含黏土质中粗粒岩

如图 2.7 所示，该类岩石的矿物成分由陆源砂、黏土质组成。其中陆源砂以粗砂为主，粒径范围为 0.5～1.35 mm，陆源砂的物质组成主要为石英、长石、岩屑，黏土质主要以填隙物的形式存在。在高倍显微镜下，其微观结构呈现粗中粒砂状特征。该类岩石由于含有黏土质，其塑性相对更高。

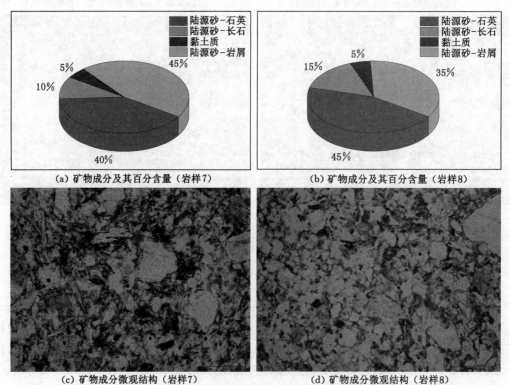

图 2.7　含黏土质中粗粒岩矿物成分及其微观结构

综上所述,该地区的第一类岩石,主要成分为陆源砂、陆源粉砂和陆源砾,多数含少量黏土质矿物,总体都归属砂岩类岩石,但由于陆源砂、陆源粉砂、陆源砾和黏土质矿物含量不同,部分岩石的微观特征介于砂岩和黏土岩之间。根据相应的文献和经验可以得出:相对第二类岩石,第一类岩石的强度和刚度较大。第一类岩石内部之间存在一些差异性,其差异性是因为黏土质矿物含量不同。

　　第二类岩石,该类岩石以黏土质矿物为主要矿物成分,伴有少量的陆源砂、陆源粉砂和陆源砾,总体上为黏土类岩石,该类岩石的矿物成分及其百分含量以及微观结构如图 2.8 至图 2.11 所示。

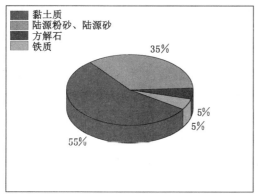

（a）矿物成分及其百分含量

（b）矿物成分微观结构

图 2.8　粉砂质黏土岩矿物成分及其微观结构

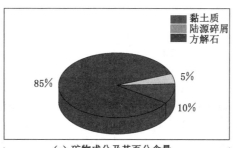

（a）矿物成分及其百分含量

（b）矿物成分微观结构（岩样9）

（c）矿物成分微观结构（岩样10）

图 2.9　黏土岩矿物成分及其微观结构（黏土质百分含量为 85％）

（7）粉砂质黏土岩

如图 2.8 所示，该类岩石的矿物成分由 55％ 的黏土质、35％ 的陆源砂和陆源粉砂（其中 25％ 为陆源粉砂、10％ 为陆源砂）、5％ 的方解石以及 5％ 的铁质组成。黏土质由黏土质矿物组成，对岩石宏观物理力学性质具有关键影响。陆源粉砂和陆源砂占据矿物总成分的 35％ 并以陆源粉砂为主，岩石的刚度和强度与这两种矿物成分相关。在高倍显微镜下，该类岩石矿物成分的微观结构呈现粉砂质泥状特征。对黏土岩和粉砂岩进行对比，黏土岩的强度和刚度相对粉砂岩不明显，但弹性和塑性明显强于粉砂岩。与第一类岩石相比，黏土岩的黏土质的含量较高，当黏土岩类岩层与砂岩类岩层为相邻岩层时，宏观上岩层的曲率会表现出较大的差异。离层出现的最直接的原因是曲率的差异性，因此矿物成分的差异性与其组成的岩层相邻分布是离层出现的客观因素。

（8）黏土岩（黏土质百分含量为 85％）

如图 2.9（a）所示，该类岩石的矿物成分主要有黏土质、陆源碎屑、方解石。黏土质的粒径小于 0.005 mm，颗粒细小，边缘模糊，呈杂乱分布。黏土质主要由隐晶至微鳞片状的黏土矿物组成，是构成岩石的主体。石英是陆源碎屑的主要成分，呈零星状分布。该类岩石的物理力学性质主要由黏土质决定，该类岩石的弹性和塑性相对其他类的坚硬岩石更明显。在高倍显微镜下，其微观结构呈现泥状特征，块状构造见图 2.9（c）和图 2.9（d）。

（9）黏土岩（黏土质百分含量为 95％）

如图 2.10 所示，该类岩石的矿物成分主要是颗粒粒度小于等于 0.02 mm 的黏土质及少量的陆源粉砂、方解石。黏土质呈现隐晶至微鳞片形状，杂乱无序，构成了岩石的主体。在高倍显微镜下，其微观结构呈现泥状特征。图 2.10 显示的黏土岩，其物理力学性能与第一

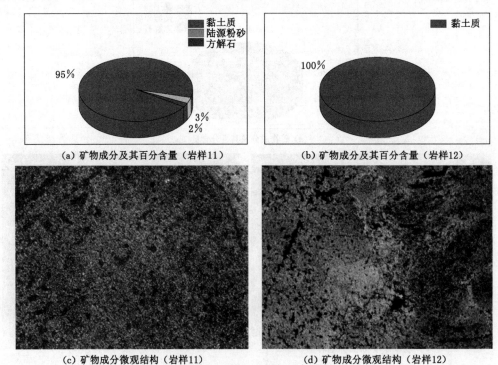

（a）矿物成分及其百分含量（岩样11）　　　　（b）矿物成分及其百分含量（岩样12）

（c）矿物成分微观结构（岩样11）　　　　（d）矿物成分微观结构（岩样12）

图 2.10　黏土岩矿物成分及其微观结构（黏土质百分含量为 95％）

类岩石的相比有很大不同,因为前者的黏土质成分占 95％以上。这也是相邻岩层之间产生离层的基础条件。图 2.9 所示的黏土岩的矿物成分与图 2.10 所示的黏土岩的矿物成分基本相同但所占的百分含量具有一定差异。从微观上可以看出,矿物成分细微的差别使岩石外观特征不同。

（10）含砂质黏土岩

如图 2.11 所示,岩石的矿物成分由陆源砂、陆源粉砂、黏土质组成。陆源砂和陆源粉砂中的粉砂粒度范围一般为 0.01～0.05 mm,细砂粒度范围为 0.05～0.25 mm,中砂粒度范围为 0.25～0.3 mm,但细砂和中砂百分含量较小。陆源砂和粉砂主要由长石、石英以及岩屑混合组成,呈现棱角或次棱角状,杂乱无序。填隙物由黏土质杂基及少量钙质胶结物组成,杂基支撑,基底式胶结。黏土质呈隐晶状、微鳞片状,粒度小于 0.02 mm,填隙状分布于陆源砂、陆源粉砂间,褐铁矿化明显。钙质胶结物为它形粒状方解石,粒度通常小于 0.15 mm,零散分布。由于含有 25％左右的陆源砂,该类岩石弹塑性劣于黏土岩的,但相对黏土岩,其强度和刚度更大。

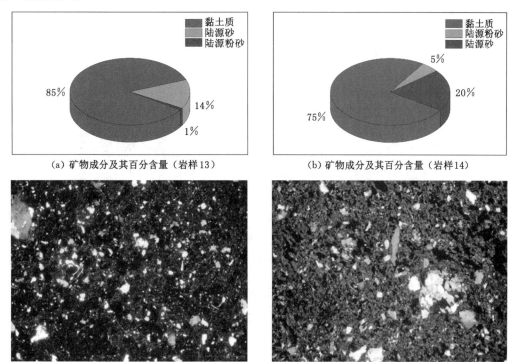

(a) 矿物成分及其百分含量（岩样 13）　　　　　(b) 矿物成分及其百分含量（岩样 14）

(c) 矿物成分微观结构（岩样 13）　　　　　(d) 矿物成分微观结构（岩样 14）

图 2.11　含砂质黏土岩矿物成分及其微观结构

综上所述,第二类岩石的主要成分为黏土质矿物,伴有少量的陆源砂、陆源粉砂和陆源砾,总体上为黏土类岩石,但其中也有一些岩石如砂质黏土岩和粉砂质黏土岩。由于其中黏土质和砂质所占的百分含量差距较小或者接近,物理性质和力学性能介于第一类岩石和黏土岩之间。总的来说,相对第一类岩石,第二类岩石的强度和刚度不显著,但弹性和塑性较为显著。本节分析的岩石样本都取自具有代表性的岩层,从分析结果来看,这些相邻岩层的巨大差异性是岩层之间产生离层的基础条件。

2.2 相邻岩层的物理力学特征

2.1 节对不同岩层矿物成分进行了描述,这些成分上的区别致使岩石在物理性质和力学性能上具有较大的不同[2],本节通过室内岩石力学压缩试验,对第一类岩石和第二类岩石的力学性能(如抗剪强度、抗压强度以及加载过程中应力状态的变化等)与物理性质(如密度、泊松比、弹性模量以及吸水率等)的差异进行了分析。本次试验采用的是深部岩土力学与地下工程国家重点实验室的 MTS8152.0 电液伺服岩石试验系统,该试验系统主要用于非金属脆性材料(如岩石和混凝土等)的动态和静态力学性能试验、岩石单轴压缩试验、岩石三轴压缩试验、岩石孔隙水压试验以及岩石水渗透试验等。本次试验对 2.1 节中成分鉴定的岩样进行常规的三轴压缩试验,现场钻取的岩样及岩样的固定可参见图 2.12。

试验方案及思路如下。

每组试验试件的数量为 2~3 个(由于取样困难,有时可为 2 个)。相同围压条件下,在岩样侧向按照 0.02 MPa/s 的速度施加围压至 5 MPa,清零各向位移,轴向以 0.002 mm/s 的恒定速率对岩样进行加载,记录数据并绘制应力-应变关系曲线直至岩样达残余强度停止加载。图 2.12 显示了现场钻取的岩样及岩样的固定。

不同深度不同
类别的岩样

三轴压缩试验

图 2.12 现场钻取的岩样及岩样的固定

试验结果如图 2.13 所示,选取 10 组相邻岩层,针对其岩石的应力-应变关系曲线,对加载过程中应力和应变不同的状态进行分析,进而分析岩层之间产生离层的力学条件。

通过图 2.13(a)至图 2.13(h)对各组相邻岩层岩样的轴向应力-应变关系曲线进行了描述。由图 2.13 可以看出,黏土岩、粉砂质黏土岩与细粒砂岩、中粒砂岩、粉砂岩及砾岩相比,其弹塑性表现显著而屈服强度较小。相邻岩层的屈服强度和变形特征在同一应力状态下有各自特征。当砾岩层与黏土岩层为相邻岩层时,砾岩的屈服强度为 76 MPa,黏土岩的屈服强度为 59.6 MPa,砾岩的屈服强度明显大于黏土岩的,而弹性应变和塑性应变小于黏土岩的,砾岩的应变峰值为 0.005 2,黏土岩的应变峰值为 0.007 1。细粒砂岩层和黏土岩层为相

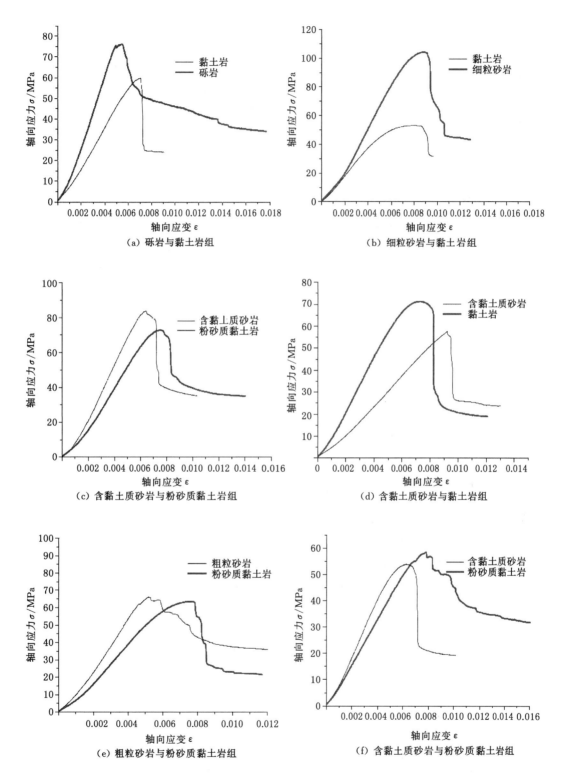

图 2.13　各组相邻岩层岩样的轴向应力-应变关系曲线

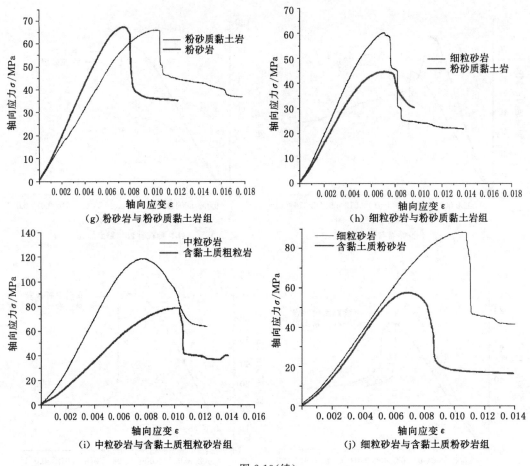

（g）粉砂岩与粉砂质黏土岩组　　　　（h）细粒砂岩与粉砂质黏土岩组

（i）中粒砂岩与含黏土质粗粒砂岩组　　　（j）细粒砂岩与含黏土质粉砂岩组

图 2.13（续）

邻岩层时的轴向应力-应变曲线如图 2.13（b）所示，细粒砂岩的屈服强度为 103 MPa，大于黏土岩的屈服强度（51.2 MPa）；岩石屈服前，细粒砂岩的弹性应变和塑性应变大于黏土岩的。当含黏土质砂岩层和粉砂质黏土岩层为相邻岩层时，含黏土质砂岩的屈服强度为 83.6 MPa，大于粉砂质黏土岩的屈服强度（71.4 MPa）；在岩石屈服破坏前，同一应力状态下粉砂质黏土岩的弹性应变和塑性应变大于含黏土质砂岩的，二者虽然有一定的差异，但差异并不十分明显；由 2.1 节可知这两者的矿物成分一样（仅所占比例不同），因此其力学差异性并不大，同时说明岩层中黏土矿物含量对岩石的弹塑性影响比较大。其他相邻的岩层岩样如含黏土质砂岩与黏土岩、含黏土质砂岩与粉砂质黏土岩、粗粒砂岩与粉砂质黏土岩、细粒砂岩与粉砂质黏土岩、粉砂岩和粉砂质黏土岩、中粒砂岩与含黏土质粗粒砂岩、细粒砂岩与含黏土质粉砂岩等，同样有类似的力学特征。这些力学特征差异性会造成相邻岩层在采动影响下的变形不一致，从而在相邻岩层之间产生离层，岩石力学性能不同的主要原因是岩层的矿物成分不同，而离层产生的主要原因是力学性能差异性较大的岩层相邻分布。

综上所述，相邻岩层岩石矿物成分的差异性使岩石在物理性质与力学性能方面表现出较大的不同，这些不同可使采动影响条件下的岩层在宏观上表现出不同的变形特征，最终导致离层出现。

参 考 文 献

［1］　吴禄源.煤层覆岩离层突水灾害演变机理研究［D］.徐州：中国矿业大学,2020.

［2］　张文泉,王在勇,吴欣焘,等.顶板离层水突涌模式及预防技术模拟研究［J］.煤田地质与勘探,2021,49(1):217-224,231.

第3章 顶板离层空间识别及演化计算模型

3.1 离层位置判别方法

3.1.1 早期判别方法

在上覆岩层中多个相邻岩层均能够发生同步弯曲变形，可以将该类岩层看成一个整体，又称为组合梁。早期离层位置判别方法就是基于组合梁理论推导得到的[1]。

假设工作面上方沉积岩层（不包含上部松散层区域）层数为 m，定义各岩层的物理参数：厚度为 h_i，重度为 γ_i，弹性模量为 E_i，截面惯性矩为 I_i，自重为 q_i，下标 $i \in [1, m]$ 且 i 为整数。假设以 $n(n \in [2, m-1])$ 层岩层组成的组合梁为研究对象，其第 $j(j \in [1, n])$ 层岩层可承受的截面弯矩为 M_n^j，曲率为 C_n^j，则有：

$$C_n^j = \frac{M_n^j}{E_j I_j} \tag{3.1}$$

由于组合梁内岩层同步弯曲，其曲率值相同，故有：

$$C_n^1 = C_n^2 = \cdots = C_n^j = \cdots = C_n^n \tag{3.2}$$

将式（3.1）代入式（3.2）可得：

$$\frac{M_n^1}{E_1 I_1} = \frac{M_n^2}{E_2 I_2} = \cdots = \frac{M_n^n}{E_n I_n} \tag{3.3}$$

由式（3.3）可得出各岩层弯矩的关系式为：

$$\begin{cases} \dfrac{M_n^1}{M_n^2} = \dfrac{E_1 I_1}{E_2 I_2} \\ \dfrac{M_n^1}{M_n^3} = \dfrac{E_1 I_1}{E_3 I_3} \\ \quad\vdots \\ \dfrac{M_n^1}{M_n^n} = \dfrac{E_1 I_1}{E_n I_n} \end{cases} \Leftrightarrow \begin{cases} M_n^2 = \dfrac{E_2 I_2}{E_1 I_1} M_n^1 \\ M_n^3 = \dfrac{E_3 I_3}{E_1 I_1} M_n^1 \\ \quad\vdots \\ M_n^n = \dfrac{E_n I_n}{E_1 I_1} M_n^1 \end{cases} \tag{3.4}$$

根据组合梁原理，设组合梁中间位置处的截面弯矩为 M_n，剪切力为 τ_n，自重为 q_n，则组合梁和各岩层间有如下关系式：

$$M_n = M_n^1 + M_n^2 + \cdots + M_n^n \tag{3.5}$$

$$\tau_n = \tau_n^1 + \tau_n^2 + \cdots + \tau_n^n \tag{3.6}$$

$$q_n = q_n^1 + q_n^2 + \cdots + q_n^n \tag{3.7}$$

将式(3.4)代入式(3.5)可得：

$$M_n = M_n^1 \left(1 + \frac{E_2 I_2 + E_3 I_3 + \cdots + E_n I_n}{E_1 I_1} \right) \tag{3.8}$$

式(3.8)可转变为：

$$M_n^1 = \frac{E_1 I_1}{E_1 I_1 + E_2 I_2 + E_3 I_3 + \cdots + E_n I_n} M_n \tag{3.9}$$

岩梁截面弯矩与剪切力及自重的微分关系式为：

$$\begin{cases} \dfrac{\mathrm{d} M_n^j}{\mathrm{d} x} = \tau_n^j \\[2mm] \dfrac{\mathrm{d} M_n}{\mathrm{d} x} = \tau_n \end{cases} \tag{3.10}$$

$$\begin{cases} \dfrac{\mathrm{d}^2 M_n^j}{\mathrm{d} x^2} = \dfrac{\mathrm{d} \tau_n^j}{\mathrm{d} x} = q_n^j \\[2mm] \dfrac{\mathrm{d}^2 M_n}{\mathrm{d} x^2} = \dfrac{\mathrm{d} \tau_n}{\mathrm{d} x} = q_n \end{cases} \tag{3.11}$$

对式(3.9)两边同时求导可得：

$$q_n^1 = \frac{E_1 I_1}{E_1 I_1 + E_2 I_2 + E_3 I_3 + \cdots + E_n I_n} q_n \tag{3.12}$$

组合梁只受重力作用，故 q_n 等于 n 层岩层重力之和，即

$$q_n = \sum_{j=1}^{n} q_j \tag{3.13}$$

单一岩层 q_j 的计算公式为：

$$q_j = \gamma_j h_j \tag{3.14}$$

为了便于分析，设每个岩层的宽度均为 b，这样岩层的截面为一矩形，其截面惯性矩的公式如下：

$$I_j = \frac{1}{12} b h_j^3 \tag{3.15}$$

将式(3.13)和式(3.14)代入式(3.12)中可得：

$$q_n^1 = E_1 h_1^3 \cdot \frac{\gamma_1 h_1 + \gamma_2 h_2 + \gamma_3 h_3 + \cdots + \gamma_n h_n}{E_1 h_1^3 + E_2 h_2^3 + E_3 h_3^3 + \cdots + E_n h_n^3} \tag{3.16}$$

组合梁中最底层岩层实际承受的荷载为 q_n^1，当第 n 层岩层和第 $n+1$ 层岩层的刚度相差较大且发生不协调变形，即第 $n+1$ 层岩层的荷载不对下部岩层形成加载时，有[2]：

$$q_n^1 > q_{n+1}^1 \tag{3.17}$$

根据组合梁原理，将式(3.16)代入式(3.17)，可得：

$$\sum_{i=1}^{n+1} E_i h_i^3 \sum_{i=1}^{n} \gamma_i h_i > \sum_{i=1}^{n} E_i h_1^3 \sum_{i=1}^{n+1} \gamma_i h_i \tag{3.18}$$

式(3.18)可简化为：

$$E_{n+1} h_{n+1}^2 \sum_{i=1}^{n} \gamma_i h_i > \gamma_{n+1} \sum_{i=1}^{n} E_i h_i^3 \tag{3.19}$$

利用式(3.19)即可判别离层是否产生。离层示意图如图 3.1 所示。

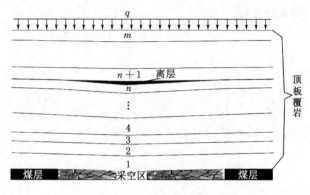

图 3.1　离层示意图

用这种方法判断离层发育位置时忽略了一些比较重要的因素。例如,和模型相接触的岩层对模型内各岩层产生的影响,组合梁对此没有一个准确的划分,在工程实际应用过程中这易造成计算结果的不唯一性。因此,需要改进判别方法。

3.1.2　改进判别方法

针对之前判别方法存在的不足,引入逐级对比合并法来判别离层位置。其基本原理为,从单一岩层开始比较各岩梁在自身重力作用下产生的曲率,根据各岩层曲率将其合并为多个组合梁,然后将各组合梁当成一个新的岩层,继续比较它们自身产生的曲率值,直到岩层最终无法合并为止。而最终的岩梁组合状态得到的离层位置为实际计算结果,该判别方法若结合工程实际情况,得到的结论更具说服力。

这里同样假设工作面上方沉积岩层层数为 m,各岩层的物理参数同 3.1.1 节的模型的一致。在每个层次比较中,对能够同步弯曲的 n 层岩梁分别建立模型,当忽略岩梁间的相互作用时,各岩梁仅在自重作用下产生变形,其曲率 $C_i(i=1,2,\cdots,n)$ 关系如下:

$$C_1 < C_2 < \cdots < C_i < \cdots < C_n \tag{3.20}$$

这种结构使岩层之间不会产生离层,而是同步变形、下沉,组成一个 n 层的组合梁,组合梁曲率如式(3.2)所示,它们与式(3.20)有如下关系:

$$C_1 = \min(C_i) < C_n^1 = C_n^2 = \cdots = C_n^n < \max(C_i) = C_n \tag{3.21}$$

将逐级对比合并法和三角形离层域结合使用,构建一个用于判别离层位置的三角形计算模型。该模型与逐级对比合并法的明显区别为:① 参与计算、对比及合并的岩层属于某一开采进度对应的离层域岩层,不是覆岩内所有岩层。② 各岩层的破断距均不相等,离层域内岩层破断距从下往上依次减小。③ 参与计算的岩层都应是没有破裂的情况,即所有岩层保持完整;如果三角形计算模型下部岩层被破坏,则应剔除破坏岩层。④ 对于导水裂缝带内的岩层,需要考虑岩层的变形和破断问题;对于弯曲下沉带内的岩层,只需要考虑岩层的变形问题。

在工作面充分采动后,导水裂缝带发育高度达最大。这里不考虑泥岩岩性,认为导水裂缝带内的离层空间无法积水,弯曲下沉带内的离层空间能够稳定积水。

三角形计算模型内的各岩层承受荷载大小和上覆岩层数量有关,这导致计算的曲率和最大拉应力值不同。对 n 层岩层组合的组合梁判别分析如下:

（1）当 $n=1$ 时，三角形计算模型由两层岩层组成，两层岩层不同步下沉，形成离层。第一层岩梁的悬跨形状为梯形，为了精简计算，跨距只计算矩形范围，如图 3.2（a）所示。假设计算模型岩层为嵌固梁，其长度为 l_1，荷载为 q_1，荷载分布如图 3.2（b）所示。

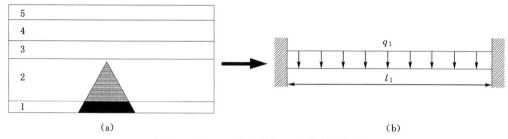

（a）　　　　　　　　　　　　　　　　　（b）

图 3.2　基于一层岩层的三角形计算模型

该层岩梁的曲率计算公式为：

$$C_1 = \frac{M_1}{E_1 I_1} \tag{3.22}$$

嵌固梁两端固定，通过结构力学可解出其岩梁中部的最大弯矩：

$$M_1 = \frac{q_1 l_1^2}{24} \tag{3.23}$$

另外，判断岩梁的最大拉应力 $\sigma_{\max}^1$ 是否大于其抗拉强度 σ_s^1，当 $\sigma_{\max}^1 < \sigma_s^1$ 时，有：

$$\sigma_{\max}^1 = \frac{6M_1'}{h_1^2} \tag{3.24}$$

$$M_1' = \frac{q_1 l_1^2}{12} \tag{3.25}$$

式中，M_1' 为第一层岩梁两端产生的弯矩；q_1 为第一层岩梁的自重荷载；l_1 为岩梁的长度。

（2）当 $n=2$ 时，三角形计算模型由 3 层岩层组成，第二层和第三层岩层产生离层。第一层和第二层岩层下沉弯曲，在此过程中接触并互相挤压，形成等大反向的接触荷载 $\overline{q}_{(1,2)}$。模型结构见图 3.3（a），荷载分布见图 3.3（b）。

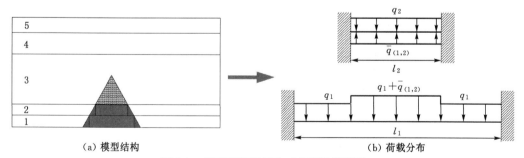

（a）模型结构　　　　　　　　　　　　（b）荷载分布

图 3.3　基于两层岩层的三角形计算模型

各岩梁中部曲率计算公式为：

$$C_2 = C_2^1 = C_2^2 \tag{3.26}$$

$$C_2^i = \frac{M_2^i}{E_i I_i} \quad (i=1,2) \tag{3.27}$$

式中,C_2^1 和 C_2^2 分别为第一岩层和第二岩层的曲率;M_2^i 为两层组合梁中第 i 层岩梁中部的弯矩。

根据结构力学得到的岩梁弯矩为:

$$M_2^i = \begin{cases} \dfrac{q_1 l_1^2}{24} + \dfrac{\bar{q}_{(1,2)} l_2 l_1}{24}\left(3 - 3\dfrac{l_2}{l_1} + \dfrac{l_2^2}{l_1^2}\right) & (i=1) \\[3mm] \dfrac{q_2 l_2^2}{24} - \dfrac{\bar{q}_{(1,2)} l_2^2}{24} & (i=2) \end{cases} \tag{3.28}$$

为便于精简公式,令

$$\Psi_{(1,2)} = \frac{l_2}{l_1} \tag{3.29}$$

则:

$$M_2^i = \begin{cases} \dfrac{l_1^2}{24}\left\{q_1 + \bar{q}_{(1,2)}\left[1 + (\Psi_{(1,2)} - 1)^3\right]\right\} & (i=1) \\[3mm] \dfrac{l_2^2}{24}(q_2 - \bar{q}_{(1,2)}) & (i=2) \end{cases} \tag{3.30}$$

最大拉应力为:

$$\sigma_{\max}^i = \frac{6(M_2^i)'}{h_1^2} \quad (i=1,2) \tag{3.31}$$

$(M_2^i)'$ 为第 i 层岩梁两端的弯矩,其计算公式为:

$$(M_2^i)' = \begin{cases} \dfrac{l_1^2}{24}\left[2q_1 + \bar{q}_{(1,2)}(3\Psi_{(1,2)} - \Psi_{(1,2)}^3)\right] & (i=1) \\[3mm] \dfrac{q_2 l_2^2}{12} - \dfrac{\bar{q}_{(1,2)} l_2^2}{12} = \dfrac{l_2^2}{12}(q_2 - \bar{q}_{(1,2)}) & (i=2) \end{cases} \tag{3.32}$$

(3) 当 $n \geqslant 3$ 时,三角形计算模型由 $n+1$ 层岩层组成,第 n 层和第 $n+1$ 层岩层产生离层。下部 n 层岩层同时下沉弯曲,第 i 层和第 $i+1$ 层岩层接触并互相挤压,形成等大反向的接触荷载 $\bar{q}_{(i,i+1)}$。模型结构见图3.4(a),荷载分布见图3.4(b)。

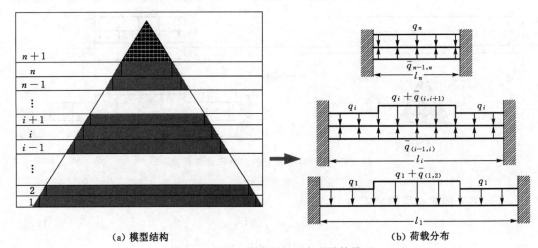

(a) 模型结构   (b) 荷载分布

图 3.4   基于 n 层岩层的三角形计算模型

各岩梁中部曲率计算公式为:

$$C_n = C_n^1 = C_n^2 = \cdots = C_n^i = \cdots = C_n^n \tag{3.33}$$

$$C_n^i = \frac{M_n^i}{E_i I_i} \quad (i=1,2,\cdots,n) \tag{3.34}$$

式中,C_n^i 为第 i 层岩层的曲率;M_n^i 为 n 层组合梁中第 i 层岩梁中部的弯矩。

通过结构力学计算得到的岩梁弯矩为:

$$M_2^i = \begin{cases} \dfrac{q_1 l_1^2}{24} + \dfrac{\bar{q}_{(1,2)} l_2 l_1}{24}\left(3 - 3\dfrac{l_2}{l_1} + \dfrac{l_2^2}{l_1^2}\right) & (i=1) \\[3mm] \dfrac{q_i l_1^2}{24} - \dfrac{\bar{q}_{(i-1,i)} l_i^2}{24} + \dfrac{\bar{q}_{(i,i+1)} l_{i+1} l_i}{24}\left(3 - 3\dfrac{l_{i+1}}{l_i} + \dfrac{l_{i+1}^2}{l_i^2}\right) & (2 \leqslant i \leqslant n-1) \\[3mm] \dfrac{q_n l_2^2}{24} - \dfrac{\bar{q}_{(n-1,n)} l_n^2}{24} & (i=n) \end{cases} \tag{3.35}$$

令

$$\Psi_{(i,i+1)} = \frac{l_{i+1}}{l_i} \tag{3.36}$$

则:

$$M_2^i = \begin{cases} \dfrac{l_1^2}{24}\{q_1 + \bar{q}_{(1,2)}[1 + (\Psi_{(1,2)} - 1)^2]\} & (i=1) \\[3mm] \dfrac{l_i^2}{24}\{(q_i - \bar{q}_{(i-1,i)}) + \bar{q}_{(i,i+1)}[1 + (\Psi_{(i,i+1)} - 1)^3]\} & (2 \leqslant i \leqslant n-1) \\[3mm] \dfrac{l_n^2}{24}(q_n - \bar{q}_{(n-1,n)}) & (i=n) \end{cases} \tag{3.37}$$

最大拉应力为:

$$\sigma_{\max}^i = \frac{6(M_n^i)'}{h_i^2} \quad (i=1,2,\cdots,n) \tag{3.38}$$

$(M_n^i)'$ 为 n 层组合梁中第 i 层岩梁两端的弯矩,其计算公式为:

$$(M_2^i)' = \begin{cases} \dfrac{l_1^2}{24}[2q_1 + \bar{q}_{(1,2)}(3\Psi_{(1,2)} - \Psi_{(1,2)}^3)] & (i=1) \\[3mm] \dfrac{l_i^2}{24}[2(q_i - \bar{q}_{(i-1,i)}) + \bar{q}_{(i,i+1)}(3\Psi_{(i,i+1)} - \Psi_{(i,i+1)}^3)] & (2 \leqslant i \leqslant n-1) \\[3mm] \dfrac{l_n^2}{12}(q_n - \bar{q}_{(n-1,n)}) & (i=n) \end{cases} \tag{3.39}$$

3.2 顶板离层形成

离层产生的实质是岩层间弱面的破坏,主要包含剪裂和拉裂两个部分。由应力平衡拱理论可知,平衡拱支撑起拱外上覆岩层的重力并传递至拱脚处,下位岩层不再起支撑作用,在自重的作用下逐渐下沉。上下岩层分离产生离层。其力学示意图如图 3.5 所示[3]。

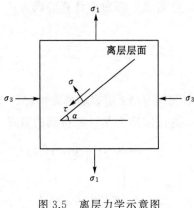

图 3.5　离层力学示意图

设离层层面与最小主应力 σ_3 方向夹角为 α,σ_1 为最大主应力,则离层层面上的法向应力 σ 和剪应力 τ 分别为:

$$\begin{cases} \sigma = \dfrac{\sigma_1 + \sigma_3}{2} + \dfrac{\sigma_1 - \sigma_3}{2}\cos 2\alpha \\ \tau = \dfrac{\sigma_1 - \sigma_3}{2}\sin 2\alpha \end{cases} \tag{3.40}$$

这里取拉应力为正,压应力为负,可知法向应力为拉应力。由于岩层层面受拉剪破坏,故离层形成的临界条件为[4]:

$$\sigma = [\sigma_{拉}] \tag{3.41}$$

$$\tau = \sigma\tan\varphi + C' \tag{3.42}$$

式中,$\sigma_{拉}$ 表示岩层的抗拉强度;φ 表示岩层的内摩擦角;C' 表示岩层的内聚力。

将式(3.41)和式(3.42)代入式(3.40)可得出最大主应力和最小主应力:

$$\sigma_1 = [\sigma_{拉}] + ([\sigma_{拉}]\tan\varphi + C')\tan\alpha \tag{3.43}$$

$$\sigma_3 = [\sigma_{拉}] - ([\sigma_{拉}]\tan\varphi + C')\cot\alpha \tag{3.44}$$

若顶板上覆岩层的最大主应力、最小主应力分别满足式(3.43)和式(3.44),则表示岩层间发生离层。

3.3　离层空间发育模型

在煤层开采过程中,为了研究上覆岩层间离层空间的产生及分布特征,将未被破坏的岩层假设为弹性体,根据薄板小挠度基本弹性理论,将岩层发生变形裸露的部分看作弹性曲面,计算垂直于平面方向的位移(挠度)和体积。

在弹性力学中,两个平行面和垂直于这两个平行面的柱面所围成的物体称为平板或薄板,或简称板。薄板模型图如图 3.6 所示。薄板厚度满足:$\left(\dfrac{1}{100} \sim \dfrac{1}{80}\right) \leqslant \dfrac{h}{a} \leqslant \left(\dfrac{1}{8} \sim \dfrac{1}{5}\right)$。

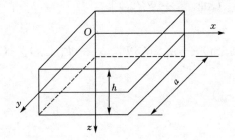

图 3.6　薄板模型图

由于受煤层采动影响，离层初次发育时原始覆岩稳定状态被打破，离层上部岩层发生破断之前离层四周岩体未被破坏，边界条件为四边固支约束；随着工作面推进，离层空间经历发育、扩大及闭合阶段，离层出现周期性的发育，此时边界条件变为三边固支一边简支。接下来分别对离层发育的两种状态进行力学分析，进而研究离层空间的发育规律。

3.3.1　离层空间初次发育力学模型

假设薄板厚度为 h，矩形薄板在 x 轴和 y 轴方向上的长度分别为 a 和 b，垂直于薄板方向施加均布荷载 $q_0 = \gamma H$。离层空间初次发育薄板力学模型如图 3.7 所示[5-6]。

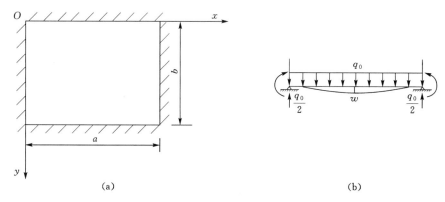

(a)　　　　　　　　　　　　　　　　　　(b)

图 3.7　离层空间初次发育薄板力学模型

设离层空间初次发育至上位坚硬顶板破断前这个时间段，薄板四边固支的边界条件为：

$$\omega \Big|_{x=0,a} = 0, \quad \frac{\partial^2 \omega}{\partial x^2}\Big|_{x=0,a} = 0 \tag{3.45}$$

$$\omega \Big|_{y=0,b} = 0, \quad \frac{\partial^2 \omega}{\partial y^2}\Big|_{y=0,b} = 0 \tag{3.46}$$

矩形薄板形变势能的表达式为：

$$U = \frac{E}{2(1-\mu^2)} \int_0^a \int_0^b \int_{-\frac{h}{2}}^{\frac{h}{2}} z^2 \left\{ \left[\left(\frac{\partial^2 \omega}{\partial x^2}\right)^2 + \left(\frac{\partial^2 \omega}{\partial y^2}\right)^2 + \right.\right.$$
$$\left.\left. 2\mu \frac{\partial^2 \omega}{\partial x^2} \frac{\partial^2 \omega}{\partial y^2} + 2(1-\mu)\left(\frac{\partial^2 w}{\partial x \partial y}\right)^2 \right] \right\} \mathrm{d}x\,\mathrm{d}y\,\mathrm{d}z \tag{3.47}$$

式中，μ 为泊松比；E 为弹性模量。

由于形变不随 z 的改变而变化，将 $D = \dfrac{Eh^3}{12(1-\mu)^2}$ 代入式（3.47），并对 z 积分可得：

$$U = \frac{D}{2} \iint \left[\left(\frac{\partial^2 w}{\partial x^2}\right)^2 + \left(\frac{\partial^2 w}{\partial y^2}\right)^2 + 2\mu \frac{\partial^2 w}{\partial x^2} \frac{\partial^2 w}{\partial y^2} + 2(1-\mu)\left(\frac{\partial^2 w}{\partial x \partial y}\right)^2 \right] \mathrm{d}x\,\mathrm{d}y \tag{3.48}$$

式中，D 为板的抗弯刚度。

可将式（3.48）改写为：

$$U = \frac{D}{2} \iint \left\{ (\nabla^2 w)^2 + 2(1-\mu)\left[\left(\frac{\partial^2 w}{\partial x \partial y}\right)^2 - \frac{\partial^2 w}{\partial x^2} \frac{\partial^2 w}{\partial y^2} \right] \right\} \mathrm{d}x\,\mathrm{d}y \tag{3.49}$$

式中，$\nabla^2 = \dfrac{\partial^2}{\partial x^2} + \dfrac{\partial^2}{\partial y^2}$，即二维调和算子。

利用格林公式求解上述方程可得：

$$U = \frac{D}{2}\iint (\nabla^2 w)^2 \mathrm{d}x\mathrm{d}y + (1-\mu)D\iint \left[\left(\frac{\partial^2 w}{\partial x \partial y} \right)^2 - \frac{\partial^2 w}{\partial x^2} \frac{\partial^2 w}{\partial y^2} \right] \mathrm{d}x\mathrm{d}y$$

$$= \frac{D}{2}\iint (\nabla^2 w)^2 \mathrm{d}x\mathrm{d}y + (1-\mu)D\iint \left[\frac{\partial}{\partial x}\left(\frac{\partial w}{\partial x} \frac{\partial^2 w}{\partial y^2} \right) - \frac{\partial}{\partial y}\left(\frac{\partial w}{\partial x} \frac{\partial^2 w}{\partial x \partial y} \right) \right] \mathrm{d}x\mathrm{d}y$$

$$= \frac{D}{2}\iint (\nabla^2 w)^2 \mathrm{d}x\mathrm{d}y + (1-\mu)D\int \left(\frac{\partial w}{\partial x} \frac{\partial^2 w}{\partial x \partial y}\mathrm{d}x + \frac{\partial w}{\partial x} \frac{\partial^2 w}{\partial y^2}\mathrm{d}y \right) \tag{3.50}$$

因矩形薄板是固定边，有 $\dfrac{\partial w}{\partial x} = 0$，故式(3.50)可进一步简化为：

$$U = \frac{D}{2}\iint (\nabla^2 w)^2 \mathrm{d}x\mathrm{d}y \tag{3.51}$$

外力均布荷载 q_0 对矩形薄板做功，惯性矩公式为：

$$I = \iint q_0 w \mathrm{d}x\mathrm{d}y \tag{3.52}$$

薄板的总势能为：

$$U_总 = U - I = \frac{D}{2}\iint (\nabla^2 w)^2 \mathrm{d}w\mathrm{d}y - \iint q_0 w \mathrm{d}x\mathrm{d}y \tag{3.53}$$

对于单向均匀受压的四边固定板，边界条件的挠曲面函数用二重三角级数可表示为[7-8]：

$$w = \sum_{m=1}^{\infty} \sum_{n=1}^{\infty} A_{mn}\left(1 - \cos \frac{2m\pi x}{a} \right) \times \left(1 - \cos \frac{2n\pi y}{b} \right) \tag{3.54}$$

将式(3.54)代入式(3.53)，得：

$$U_总 = \frac{D}{2}\int_0^a\int_0^b \left\{ \sum_{m=1}^{\infty} \sum_{n=1}^{\infty} 4\pi^2 A_{mn}\left[\frac{m^2}{a^2}\cos\frac{2m\pi x}{a}\left(1 - \cos\frac{2n\pi y}{b} \right) + \frac{n^2}{b^2}\cos\frac{2n\pi y}{b}\left(1 - \cos\frac{2m\pi x}{a} \right) \right] \right\} \mathrm{d}x\mathrm{d}y -$$

$$\int_0^a\int_0^b q_0 \sum_{m=1}^{\infty} \sum_{n=1}^{\infty} A_{mn}\left(1 - \cos\frac{2m\pi x}{a} \right)\left(1 - \cos\frac{2n\pi y}{b} \right) \mathrm{d}x\mathrm{d}y \tag{3.55}$$

令 $m = n = 1$，式(3.55)可求解为：

$$U_总 = 2A_{11}^2 \pi^4 abD\left(\frac{3}{a^4} + \frac{2}{a^2 b^2} + \frac{3}{b^4} \right) - A_{11}q_0 ab \tag{3.56}$$

根据 $\dfrac{\partial U_总}{\partial A_{11}} = 0$，得：

$$4D\pi^4 A_{11}(3b^4 + 2a^2 b^2 + 3a^4) - q_0 a^4 b^4 = 0 \tag{3.57}$$

所以挠度系数为：

$$A_{11} = \frac{q_0 a^4 b^4}{4\pi^4 D(3b^4 + 2a^2 b^2 + 3a^4)} \tag{3.58}$$

上覆岩层竖向位移挠度为：

$$w_1 = \frac{\gamma H a^4 b^4}{4\pi^4 D(3b^4 + 2a^2 b^2 + 3a^4)}\left(1 - \cos\frac{2\pi x}{a} \right)\left(1 - \cos\frac{2\pi y}{b} \right) \tag{3.59}$$

式中，w_1 为离层空间初次发育时上覆岩层的极限挠度，m；a 为薄板的走向长度，m；b 为薄板的倾向长度，m。

离层空间最大竖向位移等于离层上下部岩层的最大挠度之差，即

$$h_{\max} = w_i - w_{i+1} \tag{3.60}$$

将式(3.59)代入式(3.60)，得：

$$h_{\max}^1 = \frac{\gamma a^4 b^4 (H_i - H_{i+1})}{4\pi^4 D (3b^4 + 2a^2 b^2 + 3a^4)} \left(1 - \cos\frac{2\pi x}{a}\right) \left(1 - \cos\frac{2\pi y}{b}\right) \tag{3.61}$$

式中，$h_{\max}^1$ 为离层空间初次发育的最大高度。

则离层空间初次发育的体积 V_1 为[9]：

$$V_1 = \frac{1}{4} h_{\max}^1 \times ab \tag{3.62}$$

离层空间初次发育的三维挠度模型见图3.8。

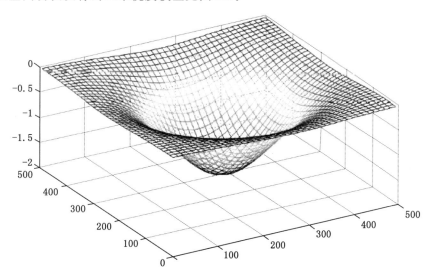

图 3.8　离层空间初次发育的三维挠度模型

3.3.2　离层空间周期性发育力学模型

假设矩形薄板在 x 轴方向上的长度为 a，在 y 轴方向上的长度为 b，薄板厚度为 h，垂直于薄板方向施加的均布荷载 $q_0 = \gamma H$。离层周期性发育薄板力学模型如图3.9所示[10-11]。

在离层空间周期性发育至上位坚硬顶板破断前这个时间段，薄板三边固支一边简支的边界条件为：

$$w\Big|_{x=0} = 0, \frac{\partial^2 w}{\partial x^2}\Big|_{x=0} = 0 \tag{3.63}$$

$$w\Big|_{x=a} = 0, \frac{\partial w}{\partial x}\Big|_{x=a} = 0 \tag{3.64}$$

$$w\Big|_{y=0,b} = 0, \frac{\partial w}{\partial y}\Big|_{y=0,b} = 0 \tag{3.65}$$

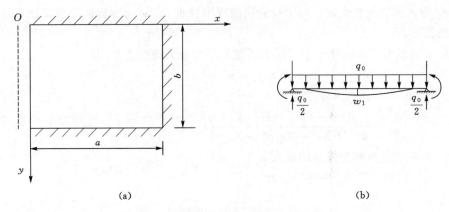

(b)

图 3.9　离层周期性发育薄板力学模型

矩形薄板形变势能如式(3.47)所示,通过格林公式可得到式(3.50)。矩形薄板边界上只有简支边和固定边,则 x 在常数边界上有 $\mathrm{d}x=0$ 及 $\dfrac{\partial^2 w}{\partial y^2}=0$;$y$ 在常数边界上有 $\mathrm{d}y=0$ 及 $\dfrac{\partial w}{\partial x}=0$,故式(3.50)同样积分为零,形变势能变为:

$$U = \frac{D}{2}\iint (\nabla^2 w)^2 \,\mathrm{d}x\,\mathrm{d}y \tag{3.66}$$

薄板的总势能仍为式(3.53),薄板单向均匀受压,边界为三边固定一边简支,其绕曲面函数用二重三角级数可表示为[12]:

$$w = \sum_{m=1}^{\infty}\sum_{n=1}^{\infty} B_{mn}\left(x - x\cos\frac{2m\pi x}{a}\right)\left(1 - \cos\frac{2n\pi y}{b}\right) \tag{3.67}$$

将式(3.67)代入式(3.53),得:

$$
\begin{aligned}
U_{总} = {} & \frac{D}{2}\int_0^a\int_0^b \left\{ \sum_{m=1}^{\infty}\sum_{n=1}^{\infty} 4\pi^2 B_{mn}\left[\left(\frac{m}{a\pi}\sin\frac{2m\pi x}{a} + \frac{m^2}{a^2}x\cos\frac{2m\pi x}{a}\right)\left(1 - \cos\frac{2n\pi y}{b}\right) + \right.\right.\\
& \left.\left. \frac{n^2 x}{b^2}\cos\frac{2n\pi y}{b}\left(1 - \cos\frac{2m\pi x}{a}\right)\right]\right\}^2 \,\mathrm{d}x\,\mathrm{d}y - \\
& \int_0^a\int_0^b q_0 \sum_{m=1}^{\infty}\sum_{n=1}^{\infty} x\left(1 - \cos\frac{2m\pi x}{a}\right)\left(1 - \cos\frac{2n\pi y}{b}\right)\,\mathrm{d}x\,\mathrm{d}y
\end{aligned}
\tag{3.68}
$$

令 $m=n=1$,式(3.68)可求解为:

$$
\begin{aligned}
U_{总} = {} & 8B_{11}^2 D\pi^4\left[\frac{3}{2}b\left(\frac{8-3a}{16a^2\pi^2}\right) + \frac{a}{b}\left(\frac{1}{16\pi^2} - \frac{1}{6}\right) + \frac{a^3}{2b^3}\left(\frac{1}{2} - \frac{3}{8\pi^3}\right)\right] \\
& - \frac{1}{2}B_{11}q_0 a^2 b
\end{aligned}
\tag{3.69}
$$

根据 $\dfrac{\partial U_{总}}{\partial B_{11}}=0$,则有:

$$B_{11} = \frac{q_0 a^2 b}{32D\pi^4\left[\dfrac{3}{2}b\left(\dfrac{8-3a}{16a^2\pi^2} + \dfrac{1}{6}a^3\right) + \dfrac{a}{b}\left(\dfrac{1}{16\pi^2} - \dfrac{1}{6}\right) + \dfrac{a^3}{2b^3}\left(\dfrac{1}{2} - \dfrac{3}{8\pi^2}\right)\right]} \tag{3.70}$$

将式(3.70)代入式(3.67),岩层竖向挠度为:

$$w_2 = \frac{\gamma H a^2 b x}{32 D \pi^4 \left[\frac{3}{2} b \left(\frac{8-3a}{16 a^2 \pi^2} + \frac{1}{6} a^3 \right) + \frac{a}{b} \left(\frac{1}{16 \pi^2} - \frac{1}{6} \right) + \frac{a^3}{2 b^3} \left(\frac{1}{2} - \frac{3}{8 \pi^2} \right) \right]} \cdot$$

$$\left(1 - \cos \frac{2\pi x}{a} \right) \left(1 - \cos \frac{2\pi y}{b} \right) \tag{3.71}$$

式中,w_2 为上覆岩层中离层空间周期性发育时岩层的极限挠度,m;a 为薄板的走向长度,
m;b 为薄板的倾向长度,m。

将式(3.71)代入式(3.60)可得到离层空间周期性发育的最大竖向位移,即离层上下部
岩层的最大挠度之差:

$$h_{max}^2 = \frac{\gamma a^2 b x (H_i - H_{i+1})}{32 D \pi^4 \left[\frac{3}{2} b \left(\frac{8-3a}{16 a^2 \pi^2} + \frac{1}{6} a^3 \right) + \frac{a}{b} \left(\frac{1}{16 \pi^2} - \frac{1}{6} \right) + \frac{a^3}{2 b^3} \left(\frac{1}{2} - \frac{3}{8 \pi^2} \right) \right]} \cdot$$

$$\left(1 - \cos \frac{2\pi x}{a} \right) \left(1 - \cos \frac{2\pi y}{b} \right) \tag{3.72}$$

则离层空间周期性发育的体积 V_2 为[9]:

$$V_2 = \frac{1}{4} h_{max}^2 \cdot ab \tag{3.73}$$

离层空间周期性发育的三维挠度模型如图 3.10 所示。

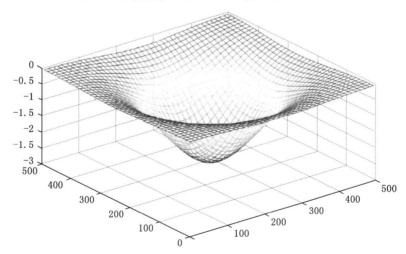

图 3.10　离层空间周期性发育的三维挠度模型

参 考 文 献

[1]　杨本生,张磊.覆岩关键层位置的快速判别及来压预测[J].煤炭工程,2013,45(7):
　　　79-81.

[2]　李学华,姚强岭,张有乾.考虑层间剪应力作用的煤矿岩层控制理论探讨[J].岩土力学,
　　　2018,39(7):2371-2378.

[3] 胡晓阳.基于异速生长理论的采动覆岩离层时空分布规律与沉陷模型研究[D].青岛:青岛理工大学,2015.

[4] 乔伟,李文平,孙如华,等.煤矿特大动力突水动力冲破带形成机理研究[J].岩土工程学报,2011,33(11):1726-1733.

[5] 孙建,胡洋.均布和静水压力作用下固支矩形薄板力学特性[J].应用力学学报,2015,32(6):908-914,1096-1097.

[6] 刘伟韬,刘士亮,宋文成,等.基于薄板理论的工作面底板隔水层稳定性研究[J].煤炭科学技术,2015,43(9):144-148.

[7] 钟阳,刘衡.矩形中厚板弯曲问题的解耦解法[J].哈尔滨工业大学学报,2016,48(3):143-146.

[8] 张鑫,乔伟,雷利剑,等.综放开采覆岩离层形成机理[J].煤炭学报,2016,41(增刊):342-349.

[9] 程选生,杜修力.三边固支一边自由混凝土矩形薄板的热弯曲[J].工程力学,2013,30(4):97-106.

[10] 韩大伟,王安稳.三边简支一边固支矩形薄板动力屈曲解析解[J].振动与冲击,2013,32(2):140-142,152.

[11] 胡文锋,刘一华.三边简支一边固支正交异性矩形叠层厚板的精确解[J].工程力学,2016,33(10):44-51,61.

[12] 蒋金泉,张培鹏,秦广鹏,等.一侧采空高位硬厚关键层破断规律与微震能量分布[J].采矿与安全工程学报,2015,32(4):523-529.

第 4 章　顶板离层水突涌机理研究

近年来,各矿区发生顶板离层水突涌事故的现象越加频繁,造成工作面被淹甚至矿井停产,从而给煤矿带来巨大的经济损失和严重的人员伤亡。因此,深入研究顶板离层水突涌机理已迫在眉睫,然而发生顶板离层水突涌事故的矿井存在分布区域广、开采煤系不同、上覆岩性组合有差异、出现时间不明显等特点,这使得研究进程较为缓慢。加之现有的研究成果多基于某地区或某矿[1-3],各地区突涌机理存在很大的差异,因而非常不利于全国范围内顶板离层水突涌机理的全面分析。为此,针对现有的离层水突涌事故进行了系统梳理,综合分析了全国发生离层水突涌事故的区域分布特征,提出了离层水突涌类型,研究了离层水形成条件以及离层水突涌特征差异,并在后续章节构建了顶板离层水突涌的防控思路。

4.1　顶板离层水突涌条件分析

4.1.1　离层水形成条件

(1) 水源条件:离层空间的水来自上部的含水岩层,水量的多少取决于含水岩层的富水性。一般情况下,含水岩层的富水性主要通过含水层厚度、砂泥比、渗透系数、冲洗液消耗量和断层影响密度等参数计算得出,具有分布不均的特点。离层上部区域的含水岩层富水性越好,离层积水能力更强,形成所需要的时间越短[4]。

(2) 时间条件:上部含水岩层的地下水通过岩层接触面的空隙和裂隙向下部离层空间积聚,该积聚过程需要一定的时间。积水速度越大并不意味着形成所需要的时间越少,其与离层空间的发育过程呈动态变化规律。

(3) 空间条件:一般而言,东部地区的离层空间发育在导水裂缝带之上,这将能够为离层积水提供稳定场所。而西北和西南地区由于其泥岩岩性的独特性,在导水裂缝带顶部附近可以产生离层空间,这是因为导水裂缝带中下部区域抵消了采动影响,使得上部裂缝发育程度都较低,而这些裂缝可以被崩解的泥岩所填充形成再生隔水层。离层裂隙空间示意图如图 4.1 所示。

(4) 导水通道条件:不考虑断层等特殊构造的情况下,导水通道即采动产生的导水裂缝带。导水裂缝带的产生受多种因素影响,包括离层水体水压、隔水层有效厚度和水力软化程度等。

4.1.2　隔水层条件

东西部地区泥岩的差异导致了离层积水位置的不同,也决定了东西部地区离层水突涌

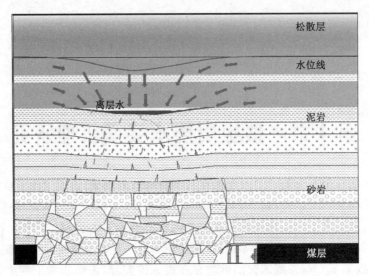

图 4.1　离层裂隙空间示意图

临界条件与机理是不一致的。以内蒙古地区和山东地区的泥岩为研究对象,分别收集 3 组岩样进行浸水试验,观察浸水试验下泥岩表面的变化,具体如图 4.2 所示。

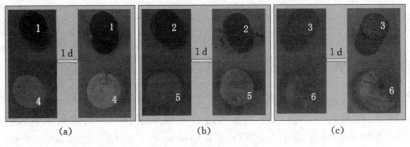

图 4.2　泥岩浸水试验

图 4.2 中的岩样 1、2 和 3 为取自山东地区的泥岩,岩样 4、5 和 6 为取自内蒙古地区的泥岩。对泥岩进行浸水试验时,经过 1 d 后发现山东地区的泥岩无明显变化,一直保持稳定状态;内蒙古地区的泥岩都出现轻微的崩解现象并沉淀于岩样的底部,同时其上表面出现不同程度的软化裂化现象,岩样 4 的微裂隙较多,岩样 5 出现较大的裂隙,岩样 6 出现较大的裂隙且更为明显。

有关学者对内蒙古鄂尔多斯地区上海庙煤矿的泥岩进行浸水试验时,发现泥岩极易吸水膨胀且崩解明显。内蒙古地区岩样的泥岩浸水试验如图 4.3(a)所示[5-6]。对贵州地区红层泥岩进行长期软化试验时,同样发现岩样吸水性强,岩样极易产生剧烈的崩解,岩石抗压强度随时间推移而逐渐降低。贵州地区岩样的泥岩浸水试验如图 4.3(b)所示[7]。

由此可见,东部泥岩在浸水作用下影响轻微,较为稳定;西部泥岩普遍具有崩解和软化现象,西部地区的不同区域岩样的崩解性和软化程度也呈现明显区别。较大岩性差异影响离层水突涌机理和积水规律。

|泥岩|浸水 35 min|　|岩样|浸水 2 d|浸水 3 d|

（a）内蒙古地区岩样　　　　　　　　　（b）贵州地区岩样

图 4.3　不同地区泥岩浸水试验

4.1.3　含水层条件

4.1.3.1　单次离层水突涌前后的含水层水位变化

以王楼煤矿的 13301 工作面离层水突涌事故为例,工作面推进距离为 410～690 m,煤矿最大涌水量从 75 m³/h 突然增大至 790 m³/h,这给工作面带来极大的威胁。随后最大涌水量逐渐减小,最终工作面恢复了生产。

据分析,侏罗系蒙阴组岩浆岩和下部砂岩之间易形成离层空间。岩浆岩段顶部及附近的砂岩层裂隙发育,富水性较强;侏罗系蒙阴组下部砂砾岩段单位涌水量为 0.000 77～0.404 2 L/(s·m),富水性为弱至中等,分析认为上部含水层和下位离层空间可能存在一定水力联系。

观察侏罗系含水层钻孔的水位变化,进一步分析充水含水层与离层水突涌的水力联系。侏罗系含水层水位变化曲线图如图 4.4 所示。

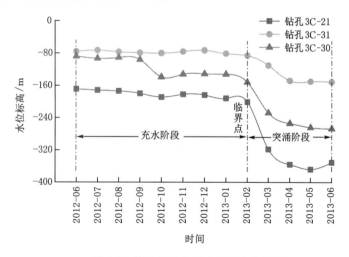

图 4.4　侏罗系含水层水位变化曲线图

从图 4.4 中可看出,自 2012 年 6 月至 2013 年 2 月,侏罗系含水层水位标高随时间呈缓慢下降趋势,表明离层空间处于充水阶段,离层水逐渐积聚。因钻孔分布不同,水位下降幅度也表现出一定的差异,这里钻孔 3C-21 和钻孔 3C-30 相对靠近离层空间的中心,而 3C-31 则距离层空间相对较远。在临界点左侧附近,含水层的水位标高变化幅度较之前略有加快,这是因为上位岩层下沉期间产生了许多微小裂隙,渗水能力加强;在临界点右侧附近,岩层垮落产生的应变能导致离层水产生动水压,而动水压使得隔水层裂隙向上快速发育,使离层水能够连通下部的导水裂缝带,从而导致大量离层水快速突涌至工作面,因而上位含水层的水位标高也随之快速下降。

4.1.3.2　多次离层水突涌前后的含水层水位变化

崔木煤矿位于黄陇侏罗系煤田,主采煤层为侏罗系延安组 3 煤,首采盘区为 21 盘区,21302 工作面是首采区的第二个工作面,可采长度为 718 m,平均采厚为 12 m。工作面推进过程中发生了 6 次离层突水事故(如图 4.5 所示),其中 5 次事故的最大涌水量超过100 m³/h,全程伴随着冒顶、煤壁片帮及支架被压等现象。

如图 4.5 所示,推进距离为 200～250 m,离层水突涌事故频繁,每次涌水量均超过120 m³/h,在推进距离为 250～600 m 范围的离层水突涌事故次数仅为 2 次,且涌水量逐次减小,危险性大大降低。前 4 次水害总推进步距间隔不足 50 m,推测这和上位坚硬岩层周期来压致灾无关,可能是一个周期内多种离层水突涌类型造成的。

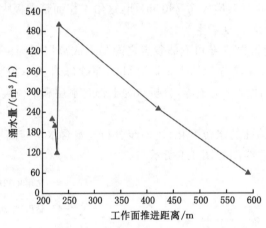

图 4.5　21302 工作面涌水量随推进距离的变化规律

为进一步研究所属离层水突涌类型,分析了离层水的充水含水层水位变化。通过水质全分析判定突水水源为洛河组含水层水,可通过水文钻孔 G3 观察洛河组水位变化,具体如图 4.6 所示。

自 2013 年 7 月 12 日到 2013 年 8 月 16 日,洛河组含水层水位的监测数据缺失,但是水位变化趋势不受影响。21302 工作面的导水裂缝带高度高于离层发育位置,使得安定组泥岩产生了较小的采动裂隙,但泥岩具有遇水易崩解的特性,使得采动裂隙很快被填堵形成再生隔水层,从而使之能够积聚离层水。

整个离层水突涌过程分为离层空间充水阶段、事故第一阶段、水位上升阶段、事故第二阶段和水位恢复阶段。5 月 18 日之前为离层空间充水阶段,此过程离层空间积水量逐渐增多,离层水水压增大,安定组泥岩受水压和水侵蚀作用逐渐被软化。5 月 18 日至 6 月 7 日为事故第一阶段,此期间发生了三次涌水量异常现象,具体表现为矿压明显,水质含泥量较大,分析认为这属于离层下位岩层软化突水类型,泥岩软化后物理性能降低,在一定的水压下采动裂隙内的充填物易被冲刷,进而导致离层水发生突涌。6 月 7 日至 6 月 18 日为水位上升阶段,前期离层水发生突涌后,岩层间的移动闭合了之前的采动裂隙通道,使离层空间能够继续积水,当离层空间内充满离层水时,在地下水的水力作用下洛河组水位逐渐回升。6 月 18 日至 6 月 27 日为事故第二阶段,离层水充满离层空间后,在上位岩层荷载和洛河组水压协同作用下,泥岩张拉破坏形成新的导水通道,造成了离层水突涌事故。6 月 27 日至 9 月 8 日为水位恢复阶段,随着工作面继续推进,原有的导水通道闭合,在地下水的水力作用下,该区域的洛河组水位标高逐渐向上恢复。9 月 8 日后,洛河组水位标高又开始下降,离层水突涌过程进入下一周期,从而形成了周期性的离层水突涌过程。

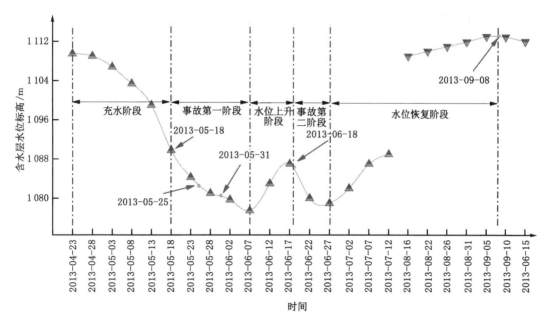

图 4.6　洛河组含水层水位变化曲线图

4.2　顶板离层水突涌类型

随着工作面煤层向前开挖,直接顶逐渐弯曲下沉、发育裂隙、垮落,快速填充采空区。而直接顶上部各岩层由于岩性、抗弯刚度的不同,出现不同步下沉,导致岩层层面间发生弯拉破坏形成离层空间。离层空间上部岩层地下水通过孔隙和裂隙逐渐向下渗水,导致离层空间大量积水。在之后的某个时间段里,离层空间积聚的离层水会突破下部隔水岩层的阻隔,最终造成水沙突涌、工作面淹面停产甚至人员伤亡。所以,当前深入研究煤矿发生离层水突涌事故的致因,剖析各煤矿的离层水突涌机理甚为重要。依据各离层水突涌煤矿的含水层富水性、地层岩性、地质构造和开采条件,我们划分出了五种基本的离层水突涌类型[1]。

4.2.1　动水压突水

随着工作面稳定推进,上覆岩层下沉、垮落,至某一时刻离层空间开始形成并扩展发育,并积聚上部渗流而下的孔隙水、裂隙水。随着工作面的推进,若在推进方向上离层空间发育长度超过上部坚硬顶板的极限破断距,则将导致坚硬顶板发生破断并带动强度较低的其他岩层同时垮落。动水压突水示意图如图 4.7 所示。当坚硬顶板坠进离层水体时能够产生巨大的冲击作用,该冲击作用可通过坚硬岩层达极限跨距时产生的应变能量 Q 测得。应变能量可由式(4.1)表示[2]。

$$Q = \frac{h^2 \cdot \sqrt{2qR_T^5}}{12Eq} \tag{4.1}$$

式中,h 为坚硬岩层的平均厚度,m;q 为上覆坚硬岩层及附加软岩层的单位长度荷载,MN/m;R_T 为坚硬岩层的抗拉强度,MPa;E 为坚硬岩层的弹性模量,MPa。

在岩层的冲击作用下,离层水体产生动水压,并向离层两侧区域挤压流动,直到触及离层空间边界。动水压作用至下部软岩层,使其内部的张拉裂隙进一步扩展发育,最终连通上部离层水。大量离层水沿着产生的裂隙通道突涌至下部工作面,造成工作面涌水量突然增大。同时离层水渗流会冲蚀裂隙通道周围松动的岩石,导致裂隙导水通道空间变大,下部工作面涌水量也相应增加,短时间内极易造成工作面被淹。离层空间的离层水减少到一定程度时,上部坚硬顶板触底至下位软岩层,并产生巨大的动载作用力,该作用力逐渐传递至工作面的支架上,易导致工作面支架被破坏。

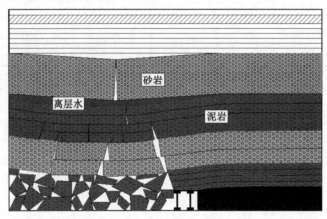

图 4.7　动水压突水示意图

动水压下离层水突涌煤矿主要分布于东部地区,特点是离层空间发育在弯曲下沉带,离层空间下位软岩层的有效隔水厚度较大,上部含水层富水性一般为弱富水性。初期离层空间积水稳定,直到上部坚硬顶板破断产生的巨大冲击力间接作用于软岩层,使软岩层内因采动产生的下部裂隙进一步向上扩展发育,逐渐沟通离层水产生水沙突涌事故。通过对事故致灾因素和特征进行分析,得出该模式下发生离层水突涌事故的煤矿包括:海孜煤矿、杨柳煤矿、新集一矿、新集二矿、华丰煤矿和王楼煤矿。

4.2.2　离层下位岩层软化致灾突水

离层下位岩层软化致灾突水事故常见于中国西北部矿区,大多为单煤层开采。由于该区域岩性组成、沉积环境等因素不同,在一定水压下,软岩易被积聚的离层水长期浸湿软化,从而造成孔隙率和泊松比变大、弹性模量减小等现象[3],详见式(4.2)和式(4.3)。

$$E_t = E \cdot e^{-\lambda t} \tag{4.2}$$

式中，E_t 为 t 时刻的弹性模量，MPa；E 为初始弹性模量，MPa；λ 为岩层岩样的软化参数；t 为岩层的浸水时间，d。

$$\mu_t = \frac{t}{t + \lambda} + \mu \tag{4.3}$$

式中，μ_t 为 t 时刻的泊松比；μ 为岩石未受到离层水浸湿时的泊松比。

对已发生离层水突涌矿井进行机理研究发现，这类可分为导水裂缝带波及积水离层空间和未波及积水离层空间 2 种情况：① 砂岩水在下渗过程中对下位软岩层产生侵蚀作用，导致岩层表层结构力学性能被削弱及产生崩解现象，部分崩解岩石颗粒填充到下位岩层的微小裂隙间使其形成再生隔水层。离层水能够在离层空间积聚，并产生静水压，随着进一步的侵蚀及静水压作用，之前被填充的部分裂隙扩展发育，进而导致离层水突涌。② 由于导水裂缝带未波及积水离层空间，在离层空间发育过程中，离层水一开始就逐渐积聚并对下位软岩层产生侵蚀作用。长期的侵蚀和水压作用下，下位软岩层内的裂缝逐渐向上扩展发育，连通上部离层水体，从而导致离层水突涌。离层下位岩层软化致灾突水示意图如图 4.8 所示。

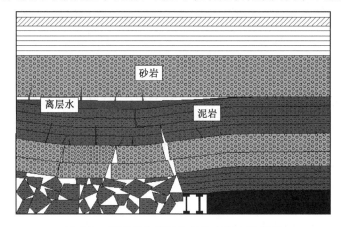

图 4.8　离层下位岩层软化致灾突水示意图

上位岩层受到离层水体软化影响，岩层力学性能被削弱导致岩层提前发生破断并下沉于下位软岩层之上，随之离层闭合。当离层水发生初次突涌后，伴随着工作面推进，工作面内会依次形成周期性的离层水突涌，因而工作面涌水量也呈现出周期性突然增大的现象。

在水力作用下软岩表层崩解，最后逐渐沉积于软岩表面阻止了软岩的进一步崩解，从而使软岩层在长期浸水作用下仅仅物化性能受到一定的削弱。

该离层水突涌类型煤矿主要位于西北地区，包括玉华煤矿、照金煤矿、大佛寺煤矿、红柳煤矿、沙吉海煤矿、火石咀煤矿、石拉乌素煤矿和上海一号煤矿。

4.2.3　离层覆岩荷载及水压协同致灾

上位岩层内孔隙较大、原生裂隙较多，从而导致其渗流能力相应较强。随着离层空间形成、扩展发育，离层水的积水能力也大大增强，短时间内充满了整个离层空间。此时，上位岩层及其上部岩层荷载作用于离层水体上，由于水的不可压缩性，离层水体起承载作用。上部岩层荷载和离层水体压力又作用于下位岩层,造成下位岩层瞬间所受压应力大大超出岩层抗压强度。下位岩层因采动产生的裂隙在应力作用下发生失稳并产生二次起裂,逐步扩展发育并沟通离层水体。离层水顺着裂隙通道渗流而下,冲刷裂隙通道,造成大量离层水突涌至工作面。离层覆岩荷载及水压协同致灾突水示意图如图4.9所示。

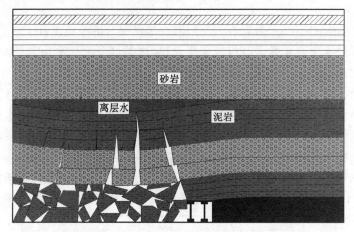

图 4.9　离层覆岩荷载及水压协同致灾突水示意图

而在上位岩层挤压离层水体的过程中,离层水积水过程被短暂终止,上位岩层内的地下水在自身水力作用下会发生运移,从而使该区域的水位逐渐回升。

该情况下离层水突涌类型分为2种情况:① 含水层富水性较强,岩层内部原生裂隙大而多,充水能力较强,使得离层空间积水能力变;② 外界因素的影响,例如,贵州中岭煤矿遭遇3次暴雨以及山西李家楼煤矿遇到大气降水后,地表水均快速渗透到含水层,这导致其含水层水量和水压均增大,进而使离层空间的充水能力均增大。

该类型煤矿分布于全国较多的矿区。西北地区的包括崔木煤矿、郭家河煤矿、大柳煤矿和李家楼煤矿,西南地区的包括贵州中岭煤矿,东部地区的包括济宁二号煤矿、大明煤矿和徐庄煤矿。

4.2.4　多煤层叠加开采突水

多煤层开采也会导致上部岩层间产生离层,并在特定条件下积聚大量离层水。在上煤层开采过程中,弯曲下沉带内一般存在一定厚度的硬软互层结构岩层,其接触面易发生张拉破坏并形成离层。离层空间随工作面的不断推进而变大,且接受上部砂岩水的补给,进而积聚大量离层水。当开采下煤层时,导水裂缝带继续向上发育,逐渐沟通离层水体,使大量离层水沿导水裂缝带向下突涌淹没工作面。多煤层叠加开采突水示意图如图4.10所示。

该类型下发生离层水突涌事故的煤矿相对较少,其中西南地区的包括南桐一井、南桐二井、鱼田堡煤矿和打通一矿,东部地区的则为范各庄煤矿。

4.2.5　断层离层耦合突水

由于开采的工作面处于落差巨大、倾角较大的断层之下,离层水突涌过程更加复杂,难以有效防治。弯曲下沉带内离层形成后,随工作面的不断推进而扩展发育。含水层水沿裂

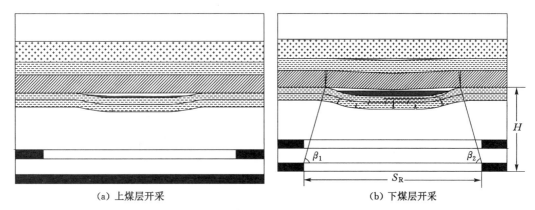

|（a）上煤层开采|（b）下煤层开采|

图 4.10　多煤层叠加开采突水示意图

隙向下渗流快速聚集于离层空间形成离层水。当离层水沿水平方向蔓延至断层时,会快速冲刷断层带内的充填物,扩展断层导水通道。离层水借助新的断层导水通道突涌,顺着下部垮落带和裂缝带岩层间采动裂隙涌向工作面,从而造成巨大的离层水突涌事故。断层离层耦合突水示意图如图 4.11 所示。

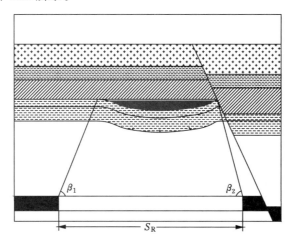

图 4.11　断层离层耦合突水示意图

由于离层空间发育位置和断层分布的复杂性,离层水突涌过程可能发生于非充分采动期间,也可能发生于充分采动之后。这种类型的离层水突涌情况存在不确定性,使得现有的理论很难合理解释这种现象,从而加大了这种类型下离层水突涌预防的难度。

发生该类型离层水突涌事故的实例较罕见,到现在为止仅出现两例,分别为老虎台煤矿和徐庄煤矿 7331 工作面。

4.3　覆岩荷载及水压协同致灾力学模型

随着工作面的推进,很多煤矿发生周期性离层水突涌事故,其含水层水位出现持续下降,但在此过程中也出现了异常的水位回升现象。通过研究分析认为,离层空间被含水层的地下水充满,导致含水层内地下水在水力作用下运移到离层空间上部区域。在离层水体水压、含水层水压和上覆荷载自重力的共同作用下,下位岩层失稳产生导水通道,最终导致离层水突涌而下淹没工作面。离层水充满离层空间后在多因素条件下的突涌示意图如图 4.12 所示。为了研究其突涌机理,基于断裂力学的思想,建立多场耦合效应条件下的离层水突涌力学模型,并判别其临界失稳条件。

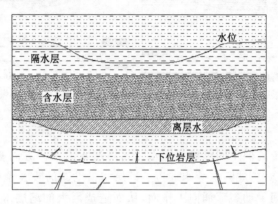

图 4.12 离层水充满离层空间后在多因素条件下的突涌示意图

4.3.1 力学模型的受力分析

取图 4.12 中下位岩层存在采动裂隙的单元体为研究对象,建立离层水突涌临界模型,对其受力进行分析。单元体受力分析图如图 4.13 所示。

我们已知,单元体受上覆荷载、水压和围压共同产生的压剪作用力而发生破坏,故单元体的轴压 σ_1 和围压 σ_3 为:

$$\sigma_1 = \frac{F}{S} \tag{4.4}$$

$$\sigma_3 = \zeta\sigma_1 \tag{4.5}$$

式中,F 为单元体上覆荷载的作用力;S 为单元体的面积;ζ 为应力系数。

单元体上覆荷载的作用力为:

$$F = \sum G + P \tag{4.6}$$

$$\sum G = G_1 + G_2 + \cdots + G_n \tag{4.7}$$

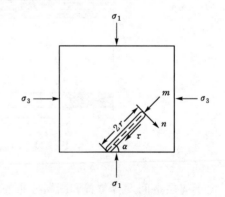

图 4.13 单元体受力分析图

式中,G_1 为上位坚硬岩层的自重力;G_2、$\cdots$、G_n 为分别与上位坚硬岩层同步垮落的岩层的自身重力;P 为上位含水层的水压。

4.3.2 复合型裂隙二次扩展力学模型

(1) 单元体受力分析

对单元体进行受力分析后可建立倾斜裂隙模型。设裂隙长度为 $2r$,裂隙倾角为 α,轴压 σ_1 和围压 σ_3 作用于单元体,该单元体如图 4.13 所示。

可以运用弹性力学理论分别表示出主裂纹面上的远场压应力 σ_m、法向应力 σ_n 和剪应力 τ [8-10]：

$$
\begin{cases}
\sigma_m = \dfrac{1}{2}\left[(\sigma_1 + \sigma_3) - (\sigma_1 - \sigma_3)\cos 2\alpha\right] \\[2mm]
\sigma_n = \dfrac{1}{2}\left[(\sigma_1 + \sigma_3) + (\sigma_1 - \sigma_3)\cos 2\alpha\right] \\[2mm]
\tau = \dfrac{1}{2}(\sigma_1 - \sigma_3)\sin 2\alpha
\end{cases}
\tag{4.8}
$$

分别将式(4.4)至式(4.6)代入式(4.8)可得：

$$
\begin{cases}
\sigma_m = \dfrac{1}{S}\left(\sum G + P\right)(\sin \alpha^2 + \zeta \cos 2\alpha) \\[2mm]
\sigma_n = \dfrac{1}{S}\left(\sum G + P\right)(\cos \alpha^2 + \zeta \sin 2\alpha) \\[2mm]
\tau = \dfrac{\sin a \cos \alpha}{S}(1 - \zeta)\left(\sum G + P\right)
\end{cases}
\tag{4.9}
$$

式中，σ_m 为主裂纹面上的远场压应力；σ_n 为主裂纹面上的远场法向应力；τ 为主裂纹面上的远场剪应力。

（2）裂隙尖端起裂应力场

根据断裂力学理论[11]，张开裂隙在压剪加载时，裂隙尖端的奇异应力场仍然是 Ⅰ-Ⅱ 复合型。复合型裂隙尖端起裂方向如图 4.14 所示。

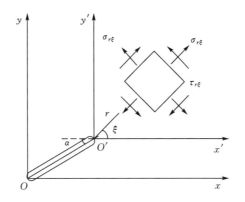

图 4.14　复合型裂隙尖端起裂方向

随着应力的增大，裂隙尖端将发生起裂，其应力场则为 Ⅰ 型裂纹应力场和 Ⅱ 型裂纹应力场的叠加，具体可表达为：

$$
\sigma_{r\xi} = \frac{\cos \dfrac{\xi}{2}}{2\sqrt{2\pi r}}\left(2K_{\mathrm{I}}\cos^2 \frac{\xi}{2} - 3K_{\mathrm{II}}\sin \xi\right)
\tag{4.10}
$$

$$
\tau_{r\xi} = \frac{\cos \dfrac{\xi}{2}}{2\sqrt{2\pi r}}\left[K_{\mathrm{I}}\sin \xi + K_{\mathrm{II}}(3\cos \xi - 1)\right]
\tag{4.11}
$$

$$K_{\text{I}} = \sigma_m \sqrt{\pi r} \tag{4.12}$$

$$K_{\text{II}} = \tau \sqrt{\pi r} \tag{4.13}$$

式中，ξ 为角坐标；r 为次生裂隙微元距原裂隙尖端的距离；K_{I} 和 K_{II} 分别为 I 型和 II 型裂纹应力场的应力强度因子。

（3）裂隙二次起裂角

根据断裂力学最大周向应力原理，压应力作用下的裂隙二次起裂方向有：

$$\begin{cases} \left(\dfrac{\partial \sigma_{r\xi}}{\partial \xi} \right)_{\xi = \xi_0} = 0 \\[2mm] \left(\dfrac{\partial^2 \sigma_{r\xi}}{\partial \xi^2} \right)_{\xi = \xi_0} < 0 \end{cases} \tag{4.14}$$

将式（4.9）至式（4.13）代入式（4.14），整理后得：

$$\frac{1 - 3\cos \xi_0}{\sin \xi_0} = \frac{\sin \alpha^2 + \zeta \cos \alpha^2}{(1 - \zeta)\sin \alpha \cos \alpha} \tag{4.15}$$

$$\cos \frac{\xi_0}{2}(3\cos \xi_0 - 1)(\sin^2 \alpha + \zeta \cos^2 \alpha) < \sin \alpha \cos \alpha \sin \frac{\xi_0}{2}(1 - \zeta)(9\cos \xi_0 + 5) \tag{4.16}$$

式中，ξ_0 为裂隙尖端初始起裂角。

（4）裂纹尖端起裂强度和能量释放率

当沿着 ξ_0 方向的周向应力达到 σ_C 时，裂纹失稳扩展，即

$$\cos \frac{\xi_0}{2}\left(K_{\text{I}} \cos^2 \frac{\xi_0}{2} - \frac{3}{2}K_{\text{II}} \sin \xi_0 \right) = K_{\text{I}C} \tag{4.17}$$

$$K_{\text{II}C} = 0.866\, K_{\text{I}C} \tag{4.18}$$

式中，$K_{\text{I}C}$ 和 $K_{\text{II}C}$ 分别为 I 型和 II 型裂隙尖端应力强度因子。

裂隙尖端起裂强度 $\sigma_{\text{II}C}$ 为：

$$\sigma_{\text{II}C} = \frac{K_{\text{II}C}}{\sqrt{\pi r}} \tag{4.19}$$

根据格里菲斯准则，裂隙扩展的能量释放率为：

$$G = \frac{1}{E}(K_{\text{I}}^2 + K_{\text{II}}^2) \tag{4.20}$$

式中，E 为弹性模量。

（5）裂隙尖端扩展的速度和垂直高度

根据格里菲斯准则[12]，宏观裂隙在剪应力和正应力作用下在临界时间 t_0 起裂，随时间变化的应力强度因子为：

$$K_{\text{I}}(t) = \frac{4}{3}\sigma' \sqrt{\frac{\sqrt{2 - 2v}(1 + v)C_{\text{S}}t^3}{\pi}} \tag{4.21}$$

$$K_{\text{II}}(t) = \frac{4}{3}\tau' \sqrt{\frac{2(1 + v)C_{\text{S}}t^3}{\pi}} \tag{4.22}$$

$$G = \frac{1}{E}\left[K_{\mathrm{I}}^{2}(t) + K_{\mathrm{II}}^{2}(t)\right] = \frac{16C_{\mathrm{s}}}{9\pi\mu}\left(\tau'^{2} + \sqrt{\frac{1-v}{2}}\sigma'^{2}\right)t^{3} \tag{4.23}$$

式中，τ' 为剪切率；σ' 为起裂应力；v 为裂隙扩展速度；μ 为剪切模量；C_{s} 为剪切波速；G 为裂隙扩展的能量释放率。

将式(4.20)代入式(4.23)可得到裂隙尖端扩展的速度：

$$v(t) = 1 - 2\left[\frac{9\pi^{2}\mu r}{16C_{\mathrm{s}}E\sigma'^{2}t^{3}}(\sigma_{m}^{2} + \tau^{2}) - \left(\frac{\tau'}{\sigma'}\right)^{2}\right]^{2} \tag{4.24}$$

对式(4.24)进行积分计算，则裂隙尖端扩展的垂直高度为：

$$S(t) = \int_{t_{1}}^{t_{2}} v(t)\,\mathrm{d}t = \int_{t_{1}}^{t_{2}}\left\{1 - 2\left[\frac{9\pi^{2}\mu r}{16C_{\mathrm{s}}E\sigma'^{2}t^{3}}(\sigma_{m}^{2} + \tau^{2}) - \left(\frac{\tau'}{\sigma'}\right)^{2}\right]^{2}\right\}\mathrm{d}t \tag{4.25}$$

4.3.3　离层水突涌临界条件

设下位岩层厚度为 H，则含有裂隙的岩层有效厚度为：

$$\Delta H = H - 2r\cos\alpha \tag{4.26}$$

发生离层水突涌的临界条件为：

$$\Delta H \leqslant S(t) \tag{4.27}$$

故当裂隙尖端扩展的垂直高度值 $S(t)$ 大于或等于含有裂隙的岩层有效厚度 ΔH 时，下位岩层中的裂纹将会失稳扩展，聚集于离层中的离层水将通过裂隙通道突涌到工作面。

4.4　动水压突水力学模型

随着煤层工作面的推进，离层空间上覆岩体在自身和承载的荷载下的弹性能聚积。当弹性能聚积到极限值时，该坚硬岩体突然断裂并释放巨大能量，下部积聚的离层水体接受能量并传递给下位隔水岩层，进而引发了突水事故。

透水通道主要来自两个方面：① 煤层开采后上覆岩层下沉产生的导水裂隙通道；② 上覆岩层破断产生的巨大能量作用于下位隔水岩层形成的随机裂隙通道。

该过程力学行为的基本假设为：

(1) 一般上部坚硬岩层和积聚的离层水体已经或接近接触状态，故假设上部岩层断裂产生的冲击压力拍击里层水体。

(2) 初始冲击压力在水体内以冲击波的形式传播，并满足能量衰减规律，当冲击波触底时传递至下位隔水岩层。

(3) 冲击波作用于离层水体下位隔水岩层后形成应力波，该波的传递同样满足能量衰减规律。

(4) 基于爆破动力学在岩层内的传播规律，确定应力波产生的岩层破坏区域范围，即动力突破带范围。

4.4.1　坚硬岩层冲击能量

由爆炸力学原理可知，动力作用下的透水过程和水中爆破产生冲击波的过程类似。动压下离层突涌力学模型如图 4.15 所示[2,13]。

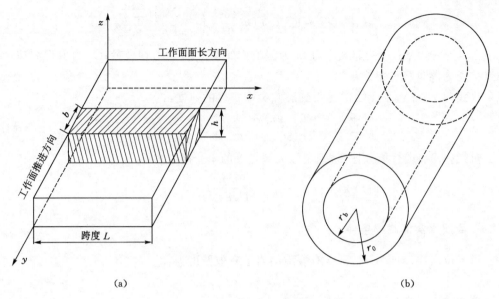

(a)   (b)

图 4.15　动压下离层突涌力学模型

　　沿工作面走向方向取单位宽度的上部岩层并将其简化为组合梁,如图 4.15(a)所示。由于上覆岩层沉积了各种岩性的岩层,呈层状分布,故可将其等效为单位高度沿母线展开的圆筒,如图 4.15(b)所示。假设圆筒外半径为 r_0,内半径为 r_b,故筒壁厚度约为: $r_0 - r_b = 0.5 \times W_{max}$。将坚硬顶板断裂时对下部离层水和下位软岩的作用力等效为炮孔在水中爆破时产生的冲击作用力,则坚硬顶板达极限破断距时岩层内部积聚的应变能量为:

$$W = \int_0^l qD(x)\mathrm{d}x \tag{4.28}$$

式中,q 为坚硬顶板单位长度上所受的荷载,N/m;l 为岩梁悬露的极限跨度,m;$D(x)$ 为坚硬顶板在荷载作用下产生的垂直距离,m。

　　根据材料力学梁的挠度计算公式,可得:

$$D(x) = -\frac{qx}{24El_d}(l^3 - 2lx^2 + x^3) \tag{4.29}$$

$$l_d = \frac{bh^3}{12} \tag{4.30}$$

式中,E 为坚硬顶板的弹性模量,GPa;b 为坚硬顶板的厚度,考虑平面问题时取值为 1,m;h 为坚硬顶板的高度,m;l_d 为端面破断距,m。

　　坚硬顶板的初次极限跨度为:

$$l = \sqrt{\frac{2h^2 R_T}{q}} \tag{4.31}$$

式中,R_T 为坚硬顶板的抗拉强度,MPa。

　　将式(4.29)至式(4.31)代入式(4.28)可得:

$$W = \frac{2h^2}{5E}\sqrt{\frac{2R_T^5}{q}} \tag{4.32}$$

4.4.2　离层水体冲击压力

上位坚硬岩层破断快速下沉并冲击离层水体,岩层内积聚的应变能量作用于水体,并转化为冲击波在水体内传播,水受压产生阻力,导致冲击波能量持续衰减[14]。根据波动力学,当冲击波传播至水体底部时,冲击压力衰减为:

$$\overline{P}_0 = \frac{B}{\xi^\alpha} \tag{4.33}$$

$$\xi = \xi \cdot \left(\frac{Q_{vt}}{Q}\right)^{\frac{1}{2}} \tag{4.34}$$

$$\xi = \frac{l}{2\pi} + 0.5W_{\max} \tag{4.35}$$

式中,$\overline{P}_0$ 为冲击波传播距离为 ξ 时的冲击压力,MPa;B 为常数,一般取值 72 MPa;α 为衰减指数,这里取值 0.72;Q_{vt} 为 TNT 炸药爆炸后产生的热量,这里取值 4.200 MJ/kg;Q 为单位长度内坚硬岩层释放的能量,MJ/m。

将式(4.34)和式(4.35)代入式(4.33)可得:

$$\overline{P}_0 = B \cdot \left[\frac{2\pi}{1 + \pi W_{\max}} \cdot \left(\frac{Q}{Q_{vt}}\right)^{\frac{1}{2}}\right]^\alpha \tag{4.36}$$

4.4.3　下部岩体破坏高度

冲击波接触岩层后的衰减速度非常快,转变成弹性应力波继续传播,波速为 C_P[15-16]。因此,可利用弹性理论求解岩层界面处的初始冲击应力:

$$\overline{P}_1 = \frac{2\rho_m C_P}{\rho_m C_P + \rho_0 C_1} \cdot \overline{P}_0 = \frac{2T_P}{T_P + T_1} \cdot \overline{P}_0 \tag{4.37}$$

式中,ρ_m 为岩石密度,kg/m³;ρ_0 为水体密度,kg/m³;C_P 为纵波在岩石中的传播速度,m/s;C_1 为冲击波波速,m/s。

$$C_1 = \sqrt{\frac{\overline{P}_0}{\rho_0}\left[1 - \left(\frac{\overline{P}_0}{A} + 1\right)^{-\frac{1}{\beta}}\right]^{-1}} \tag{4.38}$$

式中,A 和 β 均为常数,A 取 394 MPa,β 取 8。

冲击波接触岩层后,会对岩层产生两个过程的破坏:① 初期冲击波作用于岩层形成压缩破坏区;② 应力波传播促进破坏区裂隙扩展发育形成裂隙区。

冲击波在岩层中传播时,其峰值压力随传播距离的增大而衰减,表达式为:

$$P_r = \overline{P}_1 \left(\frac{r_b}{R_0}\right)^{\frac{1}{3}} \tag{4.39}$$

当岩层压缩区域内部出现张拉应力且超过其抗压强度时,认为岩石内部发生破坏失效,即 $P_r = R_t$,则压缩区垂直破坏高度为:

$$R_0 = r_b \left(\frac{\overline{R}_1}{R_t}\right)^3 \tag{4.40}$$

应力波在岩层传播时,波速远远大于岩石破坏速度,故应力波在压缩破坏区传播时该区

域为完整岩层形态,应力波传播随传播距离的衰减关系为:

$$\overline{P}_r = \overline{P}_1 \left(\frac{r_b}{R_0} \right)^{\gamma} \tag{4.41}$$

$$\gamma = 2 - \frac{\mu}{1-\mu} \tag{4.42}$$

式中,γ 为应力波的衰减指数;r_b 为圆筒内半径;μ 为岩层的泊松比。

根据泊松效应,切向拉应力峰值为:

$$\overline{P}_{\theta r} = \overline{P}_1 \left(\frac{\mu}{1-\mu} \right) \left(\frac{r_b}{R_{\theta 0}} \right)^{\gamma} \tag{4.43}$$

当应力波的 $\overline{P}_{\theta r}$ 衰减至该岩层的抗拉强度 R_t 时,则裂隙破坏最大垂直距离为:

$$R_{\theta 0} = r_b \cdot \left(\frac{\overline{P}_1}{\overline{P}_{\theta r}} \cdot \frac{\mu}{1-\mu} \right)^{\frac{1-\mu}{2-3\mu}} \tag{4.44}$$

裂隙区垂直扩展高度为:

$$R_1 = R_{\theta 0} - R_0 \tag{4.45}$$

4.4.4　离层水突涌临界条件

设下位岩层距煤层高度为 H,导水裂缝带高度为 H_1,则隔水层厚度为:

$$\Delta H = H - H_1 \tag{4.46}$$

离层水发生突涌的条件为:

$$\Delta H \leqslant R_1 \tag{4.47}$$

故当裂隙区垂直扩展高度 R_1 大于或等于岩层有效厚度 ΔH 时,下位岩层将会失稳破坏,从而使离层水通过裂隙通道突涌至工作面。

参 考 文 献

[1]　张文泉,王在勇,吴欣焘,等.顶板离层水突涌模式及预防技术模拟研究[J].煤田地质与勘探,2021,49(1):217-224,231.

[2]　乔伟,李文平,孙如华,等.煤矿特大动力突水动力冲破带形成机理研究[J].岩土工程学报,2011,33(11):1726-1733.

[3]　汤正,高峰,程守业,等.泥岩地层软化对反井扩孔井帮稳定影响分析[J].煤炭工程,2019,51(12):24-28.

[4]　吕玉广,赵仁乐,彭涛,等.侏罗纪巨厚基岩下采煤突水溃砂典型案例分析[J].煤炭学报,2020,45(11):3903-3912.

[5]　吕玉广,肖庆华,程久龙.弱富水软岩水-沙混合型突水机制与防治技术:以上海庙矿区为例[J].煤炭学报,2019,44(10):3154-3163.

[6]　李东,姜福兴,陈洋,等.深井临近大煤柱泄水巷冲击机理及防治技术研究[J].采矿与安全工程学报,2019,36(2):265-271.

[7]　朱俊杰.滇中红层软岩水-岩作用机理及时效性变形特性研究[D].成都:成都理工大学,2019.

［8］　GUI H R,LIN M L,SONG X M.Identification and application of roof bed separation (water) in coal mines［J］.Mine water and the environment,2018,37(2):376-384.

［9］　胡晓阳.基于异速生长理论的采动覆岩离层时空分布规律与沉陷模型研究［D］.青岛: 青岛理工大学,2015.

［10］　李银平,杨春和.裂纹几何特征对压剪复合断裂的影响分析［J］.岩石力学与工程学报, 2006,25(3):462-466.

［11］　王自强,陈少华.高等断裂力学［M］.北京:科学出版社,2009.

［12］　(英)诺特 J F,(英)威西 P A.断裂力学应用实例［M］.张运全,唐国翌,译.北京:科学 出版社,1995.

［13］　陈士海,林从谋.水压爆破岩石的破坏特征［J］.煤炭学报,1996,21(1):24-29.

［14］　曹海东.煤层开采覆岩离层水体致灾机理与防控技术研究［D］.北京:煤炭科学研究总 院,2018.

［15］　宗琦.水不耦合装药爆破时的破岩特征［J］.工程爆破,1997,3(1):9-13.

［16］　杜俊林,罗云滚.水不耦合炮孔装药爆破冲击波的形成和传播［J］.岩土力学,2003,24 (增刊):616-618.

第 5 章　离层空间发育数值模拟研究

5.1　研究区概况

研究区处于内蒙古自治区与宁夏回族自治区接壤地带,黄河河套鄂尔多斯盆地西北缘,井田南北呈条带状展布,井田面积为 24.556 1 km²,开采深度标高为—1 100～—560 m。井田南北长为 7.4 km,东西宽为 2.9～4.1 km。地理坐标:东经 106°40′30″至 106°43′00″,北纬 38°13′00″至 38°17′00″。

5.1.1　地层

井田内钻孔揭露的地层主要有:三叠系延长组(T_3y)、侏罗系延安组(J_2y)、直罗组(J_2z)、白垩系志丹群(K_1zd)、古近系(E)及第四系(Q)。其中,含煤地层为侏罗系延安组(J_2y);上覆地层为白垩系(K)、古近系(E)及第四系(Q);三叠系延长群(T_3y)为侏罗系含煤岩系的基底。区域地层简表如表 5.1 所示。而研究区井田地层由老至新分述如下。

(1) 三叠系延长组(T_3y)

该组区域上连续分布,属大型内陆湖泊型碎屑岩沉积建造,井田内钻孔揭露地层的埋深为 381.86～640.82 m,西浅东深;钻孔揭露该组的最大厚度为 146.45 m。该组岩性以黄绿色、灰绿色中粗粒砂岩为主(夹灰、深灰色粉砂岩及泥岩),具交错层理和波状层理等,顶部为一古侵蚀面。上覆侏罗系与该组呈假整合接触关系。

(2) 侏罗系(J)

总体为一套河流-湖泊三角洲相碎屑岩沉积建造,自下而上划分为延安组、直罗组,其中延安组为含煤地层。

① 延安组(J_2y):为区域侏罗纪含煤地层,岩性组合为灰、灰白色砂岩,灰黑、黑色粉砂岩和泥岩(夹煤层、炭质泥岩)。井田内钻孔揭露的该组连续分布,钻孔穿见的顶板深度为 175.34～502.91 m,根据完整揭露的钻孔统计,地层厚度为 144.80～315.65 m,平均地层厚度为 257.64 m,地层总体上西浅东深,西薄东厚。

② 直罗组(J_2z):为含煤岩系的上覆地层,由一套河流-湖泊三角洲相沉积的砂岩、粉砂岩、砂质泥岩组成,颜色以灰绿、黄绿、蓝灰、灰褐色为特征。该组下部的底部层位俗称"七里镇砂岩",为一灰白色厚层状、局部杂褐色和黄色的粗粒石英长石砂岩,含石英成分的小砾石。与下伏含煤地层以明显的小角度不整合或假整合接触,大部分地区成为延安组上含煤组及下含煤组上部煤层的直接顶板。钻孔穿见的本组厚度为 0～292.68 m,平均为 104.65 m。地层埋深西浅东深,西薄东厚,总厚度大于 300 m。

表 5.1　区域地层简表

地层时代				平均厚度/m	岩性描述及接触关系	分布情况
界	系	统	组			
新生界 Cz	第四系 Q			9.74	由风积沙、砂土组成	全区广泛发育
	古近系 E	渐新统 E₃	清水营组 E₃q	100.0	以紫红色黏土、砂质黏土、泥质为主,局部夹砂质。与下伏地层呈不整合接触	主要发育在横城地区,其他区域零星分布
中生界 Mz	白垩系 K	下统 K₁	志丹群 K₁zd	887.0	见灰紫色砾岩,砾石大小悬殊,成分复杂,主要以灰岩、砂岩、石英岩为主。与下伏地层呈不整合接触	横城以东,碎石井、鸳鸯湖以北未发育。上海庙地区
	侏罗系 J	上统 J₃	安定组 J₃a	230.5	为棕褐、灰黄绿、紫红色泥岩、粉砂岩、细粒砂岩。与下伏地层呈整合接触	鸳鸯湖矿区、碎石井矿区及马家滩矿区。上海庙地区
		中统 J₂	直罗组 J₂z	448.6	以紫红、灰绿、蓝灰色泥岩、粉砂岩、细粒砂岩为主,向下粒度变粗,底部为 1 层灰白色含砾粗粒砂岩。与下伏地层呈假整合接触	
			延安组 J₂y	326.0	灰白色砂岩、灰及深灰色粉砂岩、泥岩为主,含煤层 30 余层。与下伏地层呈假整合接触	
	三叠系 T	上统 T₃	延长组 T₃y	1 270.0	多见绿灰、黄绿、灰白色砂岩、粉砂岩,下部色调以绿色、黄绿色为主,粒度变粗。与下伏地层呈整合接触	
		中统 T₂	二马营组 T₂e	650.0	以灰紫色、紫红色、黄绿色中厚层状砂岩为主,砂岩中含紫红色泥岩和粉砂岩砾块,且具独特的"砂球状"构造。与下伏地层呈假整合接触	

该组上部岩性为灰色、浅紫色、灰白色的泥质粉砂岩、细砂岩、粉砂岩夹泥岩薄层;中部岩性为浅灰色、灰色、灰绿色的泥质粉砂岩夹泥岩薄层,波状,水平层理;下部岩性为灰白色、灰色的中粗砂岩与延安组相接触,岩石较为松软。

(3)白垩系(Kzd)

上部岩性为浅紫色、紫色、灰色、灰白色、灰绿色的泥质粉砂岩、泥岩,夹中粗砂岩、细砂岩、粉砂岩薄层,波状,交错层理;下部岩性为灰白色的砂砾岩,砾石成分主要为石英岩、砂岩,少量为花岗岩、灰岩及中基性岩。砾石直径 0.3~7.0 cm,次棱角状,泥质、钙质胶结,局部砾石周围黄铁矿富集,常见绿泥石化、高岭土化,有少量黑云母。本层厚度为 140.95~210.75 m,平均厚度为 166.80 m,厚度较稳定,底板形态平缓,与下伏直罗组呈角度不整合接触。

(4)古近系 E

岩性主要为砖红、紫红、紫色、浅紫色的泥岩,局部为灰色、灰紫色的泥岩,夹灰色、灰白色的细砂岩、粉砂岩、中粗砂岩及砂砾岩,半胶结。本层厚度为 5.80~39.55 m,平均层厚为

24.65 m,与下伏地层呈不整合接触。

(5)第四系(Q)

井田内广泛分布,均为松散沉积物。岩性多为风积沙丘或冲积沙土,层厚 2.00～20.00 m,平均为 6.58 m,不整合于各时代地层之上。

5.1.2 构造

井田属华北地台鄂尔多斯台坳西缘复背斜东翼,属中生代坳陷。首采区内褶曲及断裂构造均不甚发育,侏罗系延安组发育的煤层形态简单,间距稳定。主采煤层主要赋存形态基本相似,即主要赋存于 DF_1 逆断层下盘,上盘煤层抬起剥蚀,构造形态总体上呈一走向近南北、向东倾斜的单斜构造,倾角一般在 5°～10°之间变化,西部和东北部倾角略小于中东部,平均 8°左右。地层沿走向方向局部存在起伏。

(1)褶曲

井田内褶曲不发育,唯一较大的褶曲为清水营向斜,由宁夏境内北延至本区。向斜轴部位于井田南端 02 勘探线东侧,向斜轴长度为 1 500 m,煤层底板等高线明显呈现向斜形态,波幅不大,北侧被 DF_1 断层切断。

(2)断层

对井田破坏的断层主要为近南北向的清水营逆断层(F_1)和锁草台逆断层(F_2),前者 F_1 断层由南侧外围宁夏境内北延至本区,断层倾向 W,倾角为 61°～70°,南北向贯穿全井田,落差为 250～400 m,向北逐渐加大;后者 F_2 断层由井田北部外围南延至本区,贯穿全井田,断层倾向 E,倾角为 65°～77°,落差大于 500 m,构成矿井实际的深部边界。两条断层之间形成条带状无煤带,三叠系抬起,形成"逆地垒",这是鄂尔多斯地台西缘叠瓦式逆冲构造特有的"Y"形构造组合。"逆地垒"地块内,井田北侧外围很多钻孔已证实为三叠系;井田东侧边缘苏家井勘查区煤层赋存深度浅于本区 200 m 左右,断层存在无疑。

5.1.3 水文地质条件

5.1.3.1 含水层

(1)新生界松散含水层

该含水层在井田内广泛分布,由第四系风积沙和古近系砂岩及砾岩组成,含水类型为孔隙潜水或承压水。据钻探揭露,井田内新生界松散含水层厚度为 3.35～52.05 m,平均厚度为 27.99 m。井田中部厚度较小,向东西两侧厚度逐渐增大。

由于区内无地表水流,干旱少雨,地下水补给来源匮乏,地下水主要靠沙漠凝结水及雨季大气降水补给,水位、水量随季节变化明显,单位涌水量为 0.11 L/(s·m),渗透系数为 4.12 m/d。第四系含水层组地下水水质类型多为 $SO_4·Cl-Na$ 型、$Cl·SO_4-Na$ 型及 $HCO_3·CL-Mg·Ca$ 型,水质不良。

(2)白垩系孔隙裂隙含水层

白垩系孔隙裂隙含水层下伏于古近系含水层,层位较为稳定、连续,其底板埋深介于 11.57～389.52 m 之间。其岩性包括浅紫、紫红色、黄绿色细砂岩、中砂、粗砂岩、砾岩、砂砾岩,间夹有泥岩、砂质泥岩,胶结物以钙质为主。本含水层主要由白垩系底部的砾岩构成,砾岩厚度为 17.3～202.9 m,平均为 116.32 m,整个井田含水层厚度较大,横向上中部最大,向东西两侧依次减小。

白垩系水位标高为 1 150.083～1 292.424 m,统一口径单位涌水量为 0.005 9～0.081 6 L/(s·m),渗透系数为 0.005 5～0.051 3 m/d,富水性弱,为基岩孔隙裂隙水。

（3）侏罗系砂岩裂隙含水层

① 直罗组含水层

该含水层是下部延安组煤层顶板的直(间)接充水含水层,主要由浅灰、灰绿、青灰色厚层粗砂岩、中砂岩、细砂岩构成,底部为一俗称"七里镇砂岩"的灰白色厚层状、局部杂褐色、黄色的粗粒石英长石砂岩,含石英成分的小砾石。与白垩系相比,该含水层固结程度较高,泥岩及砂质泥岩的含量明显增多,以原生裂隙为主,部分地段裂隙被充填。该含水层厚度为0～271.01 m,平均厚度为 53.33 m。该含水层砂岩厚度变化较大,东北部最大,向西南递减,井田西部直罗组地层被剥蚀。所以在该地区进行 8 煤开采时,要预防白垩系含水层直接补给 8 煤工作面,导致矿井涌水量增大。直罗组含水层水位标高为 1 169.621～1 274.77 m,单位涌水量为 0.003 6～0.038 6 L/(s·m),渗透系数为 0.003 5～0.063 2 m/d,富水性弱。

② 8 煤顶板含水层

该含水层为 8 煤的直接充水含水层,由中细砂岩构成,砂岩厚度为 0～125.04 m,平均厚度为 60.84 m。砂岩厚度变化较大,中部厚度最大,西部厚度较小。井田 8 煤露头线西部8 煤遭剥蚀,所以该段含水层在此处缺失。

本井田中部 2 煤存在古河床冲刷带,由于河流冲刷作用造成古河床冲刷带内 2 煤缺失,且在该深度内发育厚层状粗粒砂岩,冲刷带边缘处 2 煤厚度变薄。在本井田中部古河床内2 煤以上砂岩含水层的富水性要好于其他地区的。在该区内进行开采活动时要采取措施预防煤层顶板水。

8 煤顶板砂岩的水文地质特征采用 B-25 钻孔的数据,含水层水位标高为 1 142.162 m,单位涌水量为 0.021 6 L/(s·m),渗透系数为 0.041 4 m/d,富水性弱。

③ 8 煤底至 15 煤顶板含水层

该含水层为 15 煤顶板直接充水含水层,由中细砂岩构成,砂岩厚度为 5.2～57.7 m,平均厚度为 26.03 m。砂岩厚度变化较大,中部厚度小,向南北方向增厚。砂岩含水层水位标高为 1 116.057～1 219.617 m,单位涌水量为 0.008 2～0.011 9 L/(s·m),渗透系数为0.030 8～0.105 4 m/d,富水性弱。

④ 宝塔山砂岩含水层

该含水层为 8 煤的底板充水含水层,位于 21 煤底板以下 0～30.45 m,平均距离为5.61 m,由灰白色及肉红色中粗细砂岩构成,以含砾粗砂岩为主。砂岩结构疏松,固结程度差,孔隙发育,含水层厚度为 0～42.7 m,平均厚度为 16.62 m。宝塔山砂岩西部厚度较大,向东依次减小,21 煤露头线以东宝塔山砂岩由于剥蚀作用全部缺失。从宝塔山砂岩厚度钻孔对比图(图 5.1、图 5.2)中看,井田西部宝塔山砂岩主要由粗砂岩构成,而东部则由细砂岩构成,所以西部的砂岩含水性较东部好;井田北部宝塔山砂岩与泥岩交互发育,南部发育大段砂岩,所以北部的砂岩含水性较南部差。

5.1.3.2　隔水层

（1）新生界与白垩系隔水层

新生界地层大多由风积沙及中细砂构成,与白垩系呈不整合接触,但部分地区古近系发

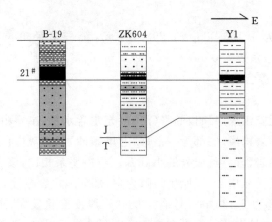

图 5.1　宝塔山砂岩厚度横向钻孔对比图

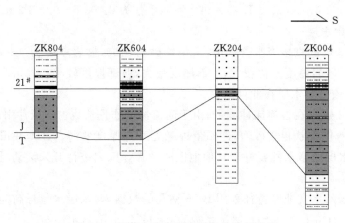

图 5.2　宝塔山砂岩厚度纵向钻孔对比图

育有砂质黏土,与白垩系上部发育的砂质泥岩及泥岩构成相对隔水层,隔水层厚度为 0~54.7 m,平均厚度为 4.82 m。井田内白垩系上部隔水层厚度较小,大部分地区不存在该隔水层,新生界与白垩系存在水力联系。

（2）直罗组顶部隔水层

白垩系底部发育杂灰色砾岩、粗砾岩含水层,泥质和钙质胶结,白垩系底部没有隔水层。与下伏侏罗系不整合接触。直罗组顶部发育的泥岩、砂质泥岩及粉砂岩构成隔水层,隔水层厚度为 0~82.95 m,平均厚度为 7.4 m。井田大多数地区该隔水层厚度较小,个别地区不存在该隔水层。直罗组顶部隔水层不存在的地段存在水力联系。

（3）直罗组底部与延安组顶部隔水层

井田内大多数地区直罗组底部发育"七里镇砂岩",局部相变为粉砂和砂质泥岩隔水层。延安组上部发育数层泥岩、砂质泥岩及粉砂岩形成隔水层。直罗组底部与延安组顶部隔水层厚度为 0~22.87 m,平均厚度为 6.06 m。井田西部直罗组遭剥蚀缺失,不存隔水层,延安组顶部隔水层中东部较厚,整体厚度不大,隔水性能较弱。

（4）延安组内煤层间隔水层

延安组内发育多层泥岩、砂质泥岩及粉砂岩,与延安组内砂岩含水层形成含隔水层相间的组合。延安组内隔水层厚度较大,能较好地阻隔各含水层之间的水力联系,但由于煤层长期开采所形成的顶板导水裂缝带和底板破坏带破坏了隔水层,隔水层厚度减小,隔水作用降低。

5.1.4　工作面概况

21805 工作面设计面宽 160 m,推采长度 381 m,可采储量 21 万 t;工作面位于+980 m水平北翼,开采侏罗系延安组 8 煤。东邻 21803 工作面采空区(20 m 隔离煤柱),西邻井田边界,南邻 S-8 水文长观孔保护煤柱,北部未采动。21805 工作面上部局部赋存 5 煤,5 煤隐伏露头线从工作面中部穿过。工作面开切眼(上端)8 煤顶板到直罗组间距最小(约30.4 m),到白垩系间距最小(约 71.4 m)。21805 工作面及其附近没有断层,巷道掘进时也未发现断层,其布置图如图 5.3 所示。

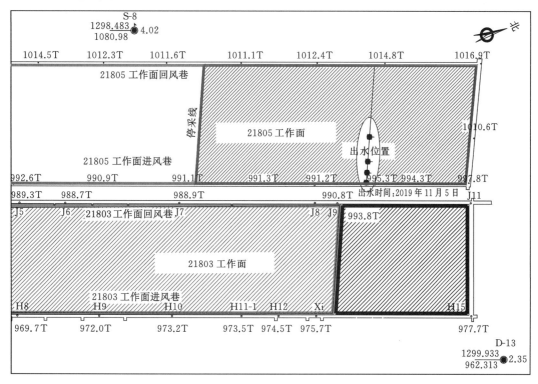

图 5.3　21805 工作面布置图

21805 工作面于 2019 年 9 月 16 日开始试生产。2019 年 11 月 5 日工作面推采至88.7 m处时,中下部支架顶板涌水量突增到 130 m³/h,此后工作面涌水量继续衰减,出水形式变成以架间老空涌水为主。2019 年 11 月 15 日衰减至 35 m³/h,中班工作面恢复生产,直到同年 11月 29 日中班工作面下端头老空涌水总量约 2 m³/h 时,整体来说工作面不见水。

通过水化学分析发现,此次工作面发生的突水事故有上部含水层水的参与。通过钻孔探测,含水层的水位出现大幅下降,该时间段的中后时期为工作面涌水阶段。S-8 水文长观孔观测时间内含水层水位标高如图 5.4 所示。

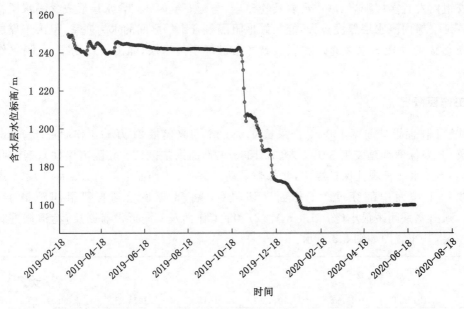

图 5.4 S-8 水文长观孔观测时间内含水层水位标高

5.2 数值模拟计算模型

5.2.1 3DEC 数值模拟软件

3DEC(3 dimension distinct element code)是一款以离散单元法为理论依据的计算程序,用于描述离散介质力学行为并将其看作连续介质的集合体,对分析边坡变形、节理裂隙的滑移和错动等工程问题具有一定的技术优势[1-2]。

3DEC 采用凸多面体来描述现实中的连续性对象,以岩石块体为例,通过凸多面体的组合描述其连续性部分,非连续性部分则通过曲面(三角网)进行描述。连续性对象之间主要借助结构面(结构面遵从多重载荷-变形力学定律)的相互作用来模拟岩块之间的相互错动或者失稳滑落,从而较好地反映岩块的实际情况[3-6]。

5.2.2 研究目的和内容

借助 3DEC 数值模拟软件,模拟分析推进步距对上覆岩层应力场分布的影响,研究导水裂缝带高度及积水离层空间的发育规律,设置多组位移测线分析推进步距对各岩层位移的影响,以采厚为变量,分别研究推进步距对积水离层空间发育规律的影响。具体研究内容有以下 4 点。

(1)推进步距分别为 10 m、15 m、30 m 时,研究覆岩垮落情况及应力场分布特征;

(2)推进步距分别为 10 m、15 m、30 m 时,探究导水裂缝带高度关系及积水离层空间发育规律;

(3)推进步距分别为 10 m、15 m、30 m 时,分析上覆岩层的位移场特征;

（4）分别设置采厚为 3 m、4 m 和 5 m（3 m 为实际开采情况），比较不同推进步距对积水离层空间发育规律的影响。

5.2.3　数值模型的建立

依据 21805 工作面地质条件建立数值模型，煤层底板距离地表 337.6 m，模拟范围定为煤层底板至直罗组底部的岩层，第四系、古近系、白垩系和侏罗系直罗组用均布荷载代替。为便于建模分析，将较薄或岩性相近的岩层进行合并处理，关键层需要保留。设计模型总长度为 250 m，高度为 124 m，宽度为 70 m，煤层厚度为 3 m，工作面边界煤柱各留 50 m。离散元数值计算模型如图 5.5 所示。

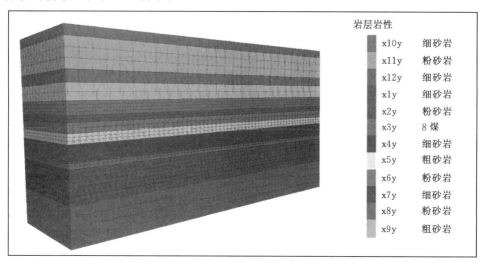

岩层岩性		
	x10y	细砂岩
	x11y	粉砂岩
	x12y	细砂岩
	x1y	细砂岩
	x2y	粉砂岩
	x3y	8 煤
	x4y	细砂岩
	x5y	粗砂岩
	x6y	粉砂岩
	x7y	细砂岩
	x8y	粉砂岩
	x9y	粗砂岩

图 5.5　离散元数值计算模型

模型的边界条件如图 5.6 和图 5.7 所示。模型前后左右四面约束水平方向的速度，上表面为应力边界条件。为防止模型内部单元体发生弹跳现象，加入自适应阻尼系数吸收单元体碰撞产生的热能。对模型顶部施加一定的垂直均布荷载用以代替该地质条件下模型顶部的岩层，松散层厚度为 28 m，平均密度为 1 800 kg/m³，其他岩层厚度为 229 m，平均密度为 2 500 kg/m³，重力加速度为 9.8 m/s²，则施加的等效荷载为 6.1 MPa。如图 5.7 所示，顶部

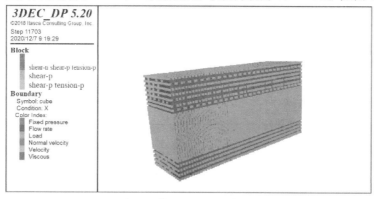

图 5.6　模型边界的约束条件

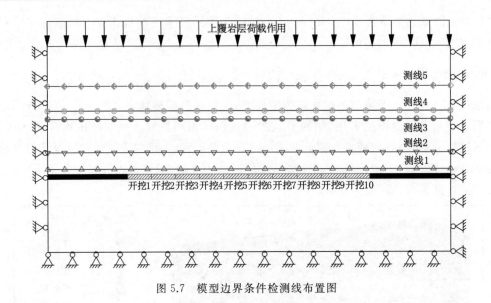

图 5.7　模型边界条件检测线布置图

黑色箭头代表施加的应力。

5.2.4　计算参数的选取

数值模型采用莫尔库仑破坏准则,模型的岩层力学参数及节理力学参数由内蒙古地区煤矿相关岩性岩石力学试验的经验结果获得,具体参数如表 5.2 和表 5.3 所示。

表 5.2　模型的岩层力学参数

序号	岩层岩性	厚度/m	密度 /(kg/m³)	剪切模量 /GPa	体积模量 /GPa	内摩擦角 /(°)	内聚力 /MPa	抗拉强度 /MPa
12	细砂岩	6	2 570	9.242	9.543	37.16	4.18	5.74
11	粉砂岩	18	2 540	9.103	9.879	35.32	3.35	3.10
10	细砂岩	7	2 570	9.242	9.543	37.16	4.18	5.74
9	粗砂岩	10	2 520	8.888	8.409	32.41	6.04	4.57
8	粉砂岩	8	2 540	7.103	8.879	35.32	3.35	3.10
7	细砂岩	4	2 570	6.148	7.557	37.16	3.18	3.74
6	粉砂岩	6	2 540	7.103	8.879	35.32	3.35	3.10
5	粗砂岩	6	2 520	6.888	5.408	32.41	4.14	3.97
4	细砂岩	12	2 570	6.148	7.557	37.16	3.18	3.74
3	8 煤	3	1 330	6.339	5.604	34.48	2.30	1.54
2	粉砂岩	20	2 540	7.103	8.879	35.32	3.35	3.10
1	细砂岩	24	2 570	6.148	7.557	37.16	3.18	3.74

表 5.3　模型的节理力学参数

岩层岩性	法向刚度/GPa	切线刚度/GPa	内聚力/MPa	摩擦角/(°)	抗拉强度/MPa
细砂岩	8.1	6.2	6.4	36	1.63
粉砂岩	8.2	6.1	6.5	35	1.60
细砂岩	8.1	6.2	6.4	36	1.63
粗砂岩	7.5	6.2	3.4	36	1.31
粉砂岩	4.8	3.1	2.1	33	0.70
细砂岩	2.7	1.2	0.2	35	0.30
粉砂岩	3.8	2.3	0.2	35	0.20
粗砂岩	0.9	0.5	0.2	29	0.20
细砂岩	0.3	0.2	0.1	30	0.10
8 煤	3.2	2.5	3.1	24	0.26
粉砂岩	5.2	3.1	5.5	35	1.10
细砂岩	4.1	2.2	5.4	36	1.30

5.3　数值模型结果分析

5.3.1　覆岩破坏特征分析

此次模拟需留设 50 m 的边界煤柱,共推进工作面 150 m。当开挖步距为 10 m 时,需开挖 15 步;当开挖步距为 15 m 时,需开挖 10 步;当开挖步距为 30 m 时,需开挖 5 步。在工作面推进过程中,模拟的覆岩破坏特征具体如图 5.8 所示。

图 5.8(a)为工作面推进 30 m 时覆岩破坏特征图,可以看出,直接顶已发生垮落,当推进步距为 30 m 时,直接顶垂直位移最大,最大下沉量为 0.673 m;当推进步距为 10 m 时,直接顶岩层垂直位移最小,最大下沉量为 0.630 m,基本顶在三种推进步距方式下都发生弯曲,出现离层裂隙。随着工作面的进一步推进,正如图 5.8(b)所示,三种方案下直接顶进一步地下沉,而基本顶发生破断,其中在推进步距为 10 m 和 20 m 的情况下,基本顶上方产生小的离层空间。当工作面推进 90 m 时,如图 5.8(c)所示,在采空区上方的 31.7 m 处产生了离层空间;当推进步距为 10 m 时,离层空间发育高度最大,其值为 1.31 m;当推进步距为 15 m 时,离层空间发育高度为 1.07 m;当推进步距为 30 m 时,离层空间发育高度最小,其值为0.28 m,三种方案下离层空间下侧发育有很多的层间裂隙。随着工作面的进一步推进,如图 5.8(d)所示,我们发现离层空间发育高度开始减小,推进步距为 10 m 的情况下高度降为0.89 m,推进步距为15 m 的情况下高度降为 0.83 m,而推进步距为 30 m 的情况下高度降为 0.25 m。当工作面推进 150 m 时,如图 5.8(e)所示,上覆岩层弯曲下沉,离层空间消失。综合分析,工作面的推进步距对离层空间的发育具有显著的影响,即推进步距越大,离层空间发育高度越小,工作面离层水突涌产生的危害性越低。

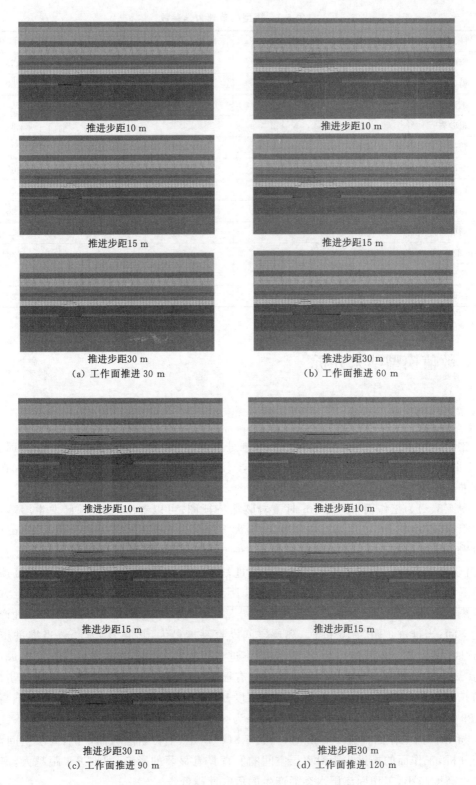

推进步距10 m　　　　　推进步距10 m

推进步距15 m　　　　　推进步距15 m

推进步距30 m　　　　　推进步距30 m

（a）工作面推进 30 m　　　（b）工作面推进 60 m

推进步距10 m　　　　　推进步距10 m

推进步距15 m　　　　　推进步距15 m

推进步距30 m　　　　　推进步距30 m

（c）工作面推进 90 m　　　（d）工作面推进 120 m

图 5.8　工作面不同推进步距的上覆岩层破坏特征

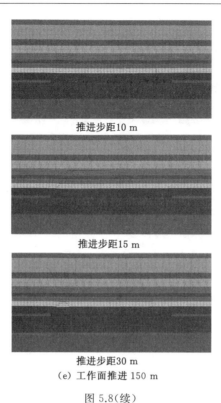

推进步距10 m

推进步距15 m

推进步距30 m

(e) 工作面推进 150 m

图 5.8(续)

5.3.2　工作面覆岩应力场分布规律

为了消除工作面推进方向两侧边界影响,选择数值模型的中间切面分析覆岩应力场分布规律。具体应力分布云图如图 5.9 所示。

随着工作面的逐步推进,顶板岩层快速垮落,应力被释放,两侧煤柱处出现应力集中现象。如图 5.9(a)所示,当工作面推进 30 m,推进步距为 10 m 时,煤柱处的最大应力为12.411 MPa,推进步距为 30 m 时,煤柱处的最大应力为 19.905 MPa,说明工作面初始推进步距越大,两侧煤柱处应力扰动越大。随着工作面继续推进,顶板产生了离层空间,离层空间上方的粗砂岩支撑上覆岩层的重力并将应力传递至两侧煤柱处,导致煤柱处应力进一步增大,如图 5.9(b)至图 5.9(e)所示。推进步距为 10 m 时,煤柱处最大应力增加最多,应力增加量为30.31 MPa,推进步距为 20 m 时的应力增加量为 17.587 MPa,推进步距为 30 m 时的应力增加量为8.491 MPa,这些说明离层空间的形成时两侧煤柱处的应力集中,且随着离层空间发育程度越大,应力集中现象越明显。

5.3.3　导水裂缝带及离层空间发育规律

走向导水裂缝带发育高度是逐渐增加的,同工作面推进长度成正比。在推进步距为10 m方案下,当工作面推进 50 m 时,导水裂缝带高度发育到最大值(32.08 m);在推进步距为 15 m 方案下,当工作面推进 60 m 时,导水裂缝带高度发育到最大值(32.08 m);当推进步距为 30 m、工作面推进 90 m 时,导水裂缝带高度发育到最大值(32.08 m)。由此可知,当推进步距越大时,导水裂缝带最大发育程度到达得越迟缓。其发育高度对比如表 5.4 所示。

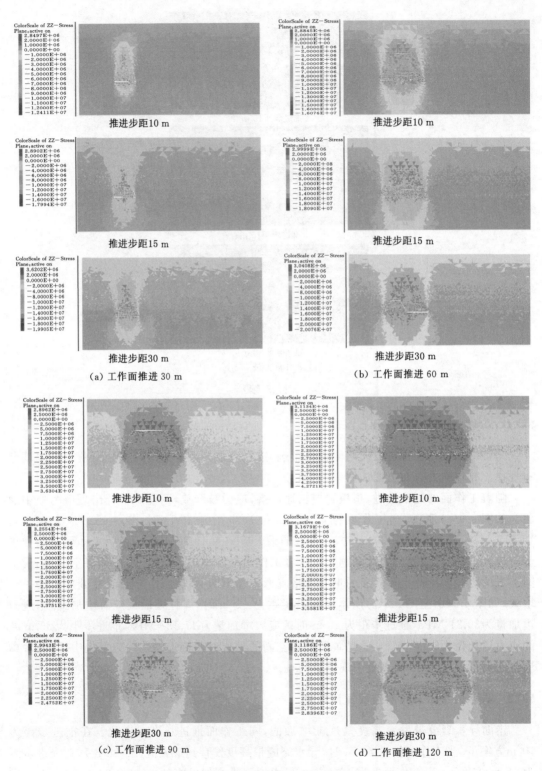

图 5.9　工作面不同推进步距时的上覆岩层应力分布云图

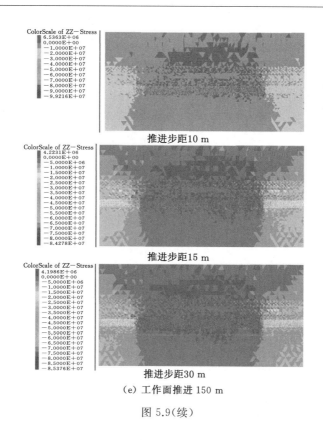

推进步距10 m

推进步距15 m

推进步距30 m

（e）工作面推进 150 m

图 5.9（续）

表 5.4　导水裂缝带发育高度对比　　　　　　　　　　　单位：m

方案 1		方案 2		方案 3	
推进长度	步距 10 m	推进长度	步距 15 m	推进长度	步距 30 m
10	6.51	15	10.33	30	16.18
20	9.4	30	16.18	60	19
30	16.24	45	30.16	90	32.08
40	28.01	60	32.08	120	32.08
50	32.08	75	32.08		
60	32.08	90	32.08		
70	32.08				

不同的推进步距对离层空间的发育规律影响很大。推进步距为 10 m 方案下工作面推进 40 m 时，顶板产生了离层空间，此时最大离层发育高度为 0.295 m；推进步距为 15 m 方案下工作面推进 45 m 时，顶板产生离层空间，此时最大离层发育高度为 0.184 m；推进步距为 30 m 方案下工作面推进 60 m 时，顶板产生离层空间，此时最大离层发育高度为 0.09 m。综合分析，推进步距的增大会导致离层空间产生时间延迟，且最大离层发育高度也更低。离层空间随工作面推进的具体发育规律如图 5.10 所示。

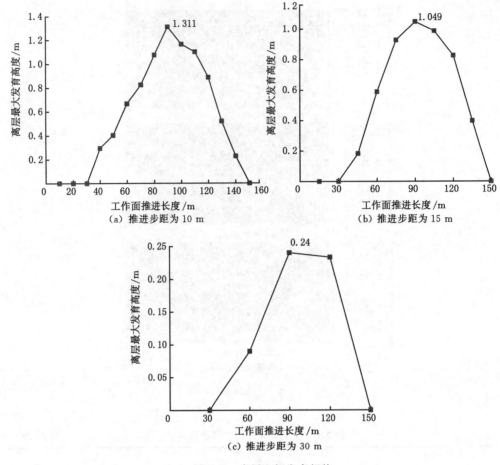

图 5.10　离层空间发育规律

5.3.4　工作面覆岩位移变化规律

随着工作面的逐步推进,采空区上覆岩层依次发生弯曲下沉、产生裂缝、垮落。为研究推进步距对上覆岩层下沉产生的影响,分别在数值模型的 50 m(直接顶)、60 m(基本顶)、80 m(离层空间下位岩层)、85 m(离层空间上位岩层)和 100 m 高度处布置位移测线,具体如图 5.7 所示,每个测线上布置了 25 个监测点。这里我们分别选择工作面推进 60 m、90 m 和 120 m 时来分析上覆岩层下沉情况。相关下沉曲线如图 5.11 至图 5.13 所示。

从图 5.11 可看出,工作面推进 60 m 时,三种推进步距的直接顶和基本顶下沉值几乎相同,但离层空间下位岩层的下沉值(竖向位移)则随着推进步距的增大而略微降低。而图 5.12 和图 5.13 中直接顶、基本顶和离层下位岩层的下沉值都随着推进步距的增大而降低,说明推进步距为 10 m 和 15 m 情况下的直接顶和基本顶下沉未触底,进一步发生下沉。

5.3.5　不同采厚(煤厚)下推进步距对离层空间发育的影响

为了研究不同采厚下推进步距对离层空间发育的影响,本书构建了以采厚为变量的数值模型。

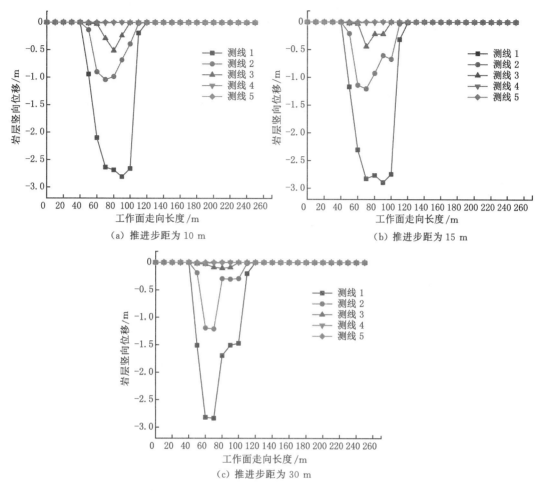

图 5.11　工作面推进 60 m 时覆岩下沉曲线

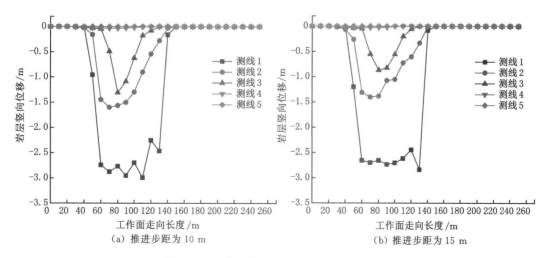

图 5.12　工作面推进 90 m 时覆岩下沉曲线

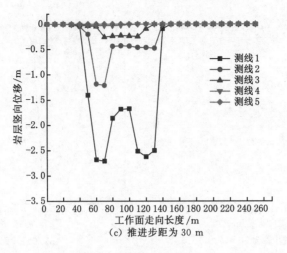

(c) 推进步距为 30 m

图 5.12(续)

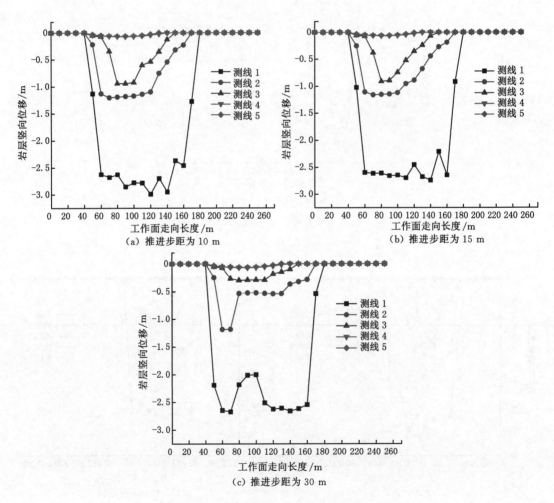

(a) 推进步距为 10 m

(b) 推进步距为 15 m

（c）推进步距为 30 m

图 5.13　工作面推进 120 m 时覆岩下沉曲线

当采厚为 3 m 时,推进步距为 10 m 方案下工作面推进 90 m,离层发育高度达到最大(为 1.311 m),工作面推进 150 m 时,离层空间的上覆岩层下沉垮落,离层空间消失;而推进步距为 15 m 方案下工作面推进 90 m,离层发育高度达到最大(为 1.049 m),工作面推进 150 m 时离层空间消失;推进步距为 30 m 方案下工作面推进 90 m,离层发育高度达到最大(为 0.240 m),工作面推进 150 m 时离层空间消失,由此可看出推进步距能够有效控制离层空间发育高度,可降低离层水突涌的危害性。

当采厚为 4 m 时,推进步距为 10 m 方案下工作面推进 90 m,离层发育高度达到最大(为 2.203 m),工作面推进 150 m 时,离层发育高度为 0.822 m;推进步距为 15 m 方案下工作面推进 105 m,离层发育高度达到最大(为 2.089 m),工作面推进 150 m 时,离层发育高度为 1.170 m;推进步距为 30 m 方案下工作面推进 120 m,离层发育高度达到最大(为 1.147 m),工作面推进 150 m 时,离层高度为 0.991 m,和采厚为 3 m 模型模拟结果相比,离层空间从产生到发育最大、再到消失,采厚为 4 m 模型离层空间发育时间明显更长,离层发育高度也相应地变大,但采厚为 4 m 时推进步距从 10 m 到 30 m 范围内,最大离层高度从 2.203 m 降为 1.170 m 低于采厚为 3 m 时的模拟结果,即最大离层高度从 1.311 m 降为 0.240 m。

当采厚为 5 m 时,推进步距为 10 m 方案下工作面推进 90 m,离层发育高度达到最大(为 3.280 m),工作面推进 150 m 时,离层高度为 1.168 m;推进步距为 15 m 方案下工作面推进 120 m,离层发育高度达到最大(为 2.477 m),工作面推进 150 m 时,离层发育高度为 1.956 m;推进步距为 30 m 方案下工作面推进 150 m,离层发育高度达到最大(为 1.409 m)。和另两个模型相比,离层空间从形成到发育最大、再到消失,模型离层空间发育时间进一步变长,离层发育高度也出现不同程度的变大现象。采厚为 5 m 时推进步距从 10 m 到 30 m 范围内,最大离层高度从 3.280 m 降为 1.956 m,下降率和采厚为 4 m 的模拟结果基本一致,但此时离层发育高度为 1.956 m,导致离层空间积水量有极大增加,从而更突显了顶板离层水发生突涌的概率。

综上所述,当模型其他条件不变、采厚越大时,随着推进步距的增大,离层最大发育高度相应增加,发育到最大高度所需时间相应变长。不同采厚下最大离层发育高度如图 5.14 至图 5.16 所示。

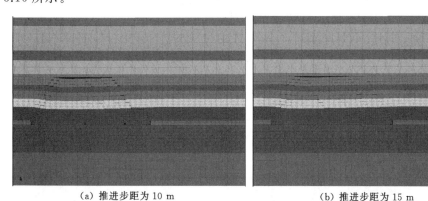

(a) 推进步距为 10 m　　　　　　　　　　(b) 推进步距为 15 m

图 5.14　采厚为 3 m 时最大离层发育高度

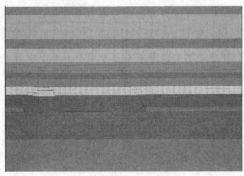

(c) 推进步距为 30 m

图 5.14(续)

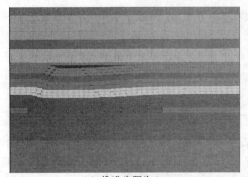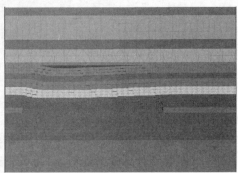

(a) 推进步距为 10 m　　　　　　　　　　　　(b) 推进步距为 15 m

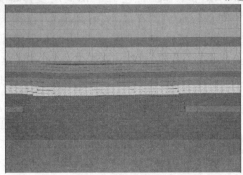

(c) 推进步距为 30 m

图 5.15　采厚为 4 m 时最大离层发育高度

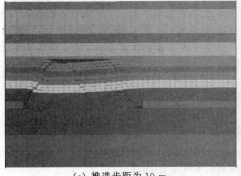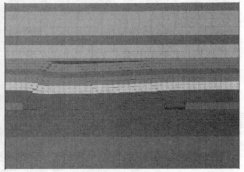

(a) 推进步距为 10 m　　　　　　　　　　　　(b) 推进步距为 15 m

图 5.16　采厚为 5 m 时最大离层发育高度

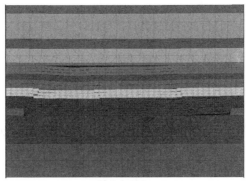

(c) 推进步距为 30 m

图 5.16(续)

参 考 文 献

［1］ 李西蒙.快速推进长壁工作面覆岩失稳运动的动态时空规律研究［D］.徐州:中国矿业大学,2015.

［2］ 余学义,王昭舜,杨云,等.大采深综放开采覆岩移动规律离散元数值模拟研究［J］.采矿与岩层控制工程学报,2021,3(1):28-38.

［3］ 逄锦伦.近距离煤层群顶板结构及破断模型分析［J］.矿业安全与环保,2020,47(3):105-109.

［4］ 孙闯,陈东旭,程耀辉,等.急倾斜煤层坚硬顶板塌落规律及控制研究［J］.岩石力学与工程学报,2019,38(8):1647-1658.

［5］ 毛晓东,吴冬梅,崔居青,等.基于 3DEC 的断层孤岛工作面回采矿压显现规律的数值模拟与防治措施［J］.煤矿安全,2017,48(3):194-197,201.

［6］ 李宗福,曹树刚,刘勇,等.基于 3DEC 的急倾斜薄煤层俯伪斜开采矿压模拟研究［J］.矿业安全与环保,2017,44(3):1-5,9.

第 6 章 顶板离层水突涌机理室内试验研究

6.1 模拟隔水层试验材料研制

当前,对于覆岩离层空间充水过程、离层水突破隔水层渗流过程的研究较少,而这方面的研究对相似材料配比要求较高。之前的试验主要是以河沙、碳酸钙、石膏为基本骨架来进行相似模拟试验的,这些相似材料遇水易崩解,从而导致对于离层突水过程的研究涉及极少,对各岩层的差异性没有进行深入的研究,不能完全显现出离层水突破隔水层渗流过程的实际情况。研究一种新型相似材料,使之既能更好地体现出各岩层的物理性质,又能显现出覆岩离层产生与离层水突破隔水层渗流冲刷的过程,从而能够帮助我们更合理地分析上覆岩层的破断情况和离层水的发育、渗流冲刷规律[1-5]。

6.1.1 模型准备

6.1.1.1 试验组分分析

(1) 河沙

所选河沙为青岛附近河流所产,选择粒径范围为 0~0.9 mm。

(2) 纳米碳酸钙

所选纳米碳酸钙平均粒径为 50~100 nm,$CaCO_3$ 含量大于 90%,MgO 含量小于 0.8%,pH 为 7.5~10,比表面积大于 18 m^2/g,活化度大于 95%,这样能够有效增加或调解材料刚性、韧性以及强度。

(3) 模型石膏

试验所用模型石膏主要由 α 型结构的半水硫酸钙并加黏土、有机质等添加剂制造而成。化学组成:CaO 的含量为 32.5%,SO_3 的含量为 46.6%,H_2O 的含量为 20.9%。

(4) 钙基膨润土

试验所用钙基膨润土由奥太矿产品加工厂提供,密度约为 0.9 g/cm^3,目数为 600 目,主要化学组成为 SiO_2 和 Al_2O_3 及少量 Fe_2O_3、MgO、CaO、K_2O 等。

(5) 水性石蜡乳液

所用水性石蜡乳液为广东东莞的景逸塑胶化工材料厂提供,是一种内聚力较强的油性有机物,不溶于水。其固含量为 30%,pH 为 7~9,熔点为 0 ℃。

6.1.1.2 相似理论分析

本书以 21805 工作面顶板为原型进行隔水层模拟材料配比试验研究,根据理论分析和物理试验条件,确定相似比为 1∶80。基于相似三理论中的第二理论可推导出主要相似参数[6-10]。

① 几何相似比：$C_l = Y_m/Y_p = Z_m/Z_p = 1 : 80$。

② 时间相似比：$C_t = T_m/T_p = \sqrt{C_l} = 1 : 8.94$。

③ 重度相似比：$C_\gamma = \gamma_{mi}/\gamma_{pi} = 1 : 1.5$。

④ 弹模相似比：$C_E = E_m/E_p = C_l \times C_r = 1 : 120$。

⑤ 应力相似比：$C_p = C_l \times C_\gamma = 1 : 120$。

⑥ 渗透系数相似比：试验使用水进行渗透试验，与原模型一致，故相似比 $C_\lambda = 1$。 即 $C_K = \sqrt{C_l}/C_\lambda = 1 : 8.94$。

6.1.1.3　试验方法

将河沙、纳米碳酸钙、钙基膨润土和模型石膏按一定比例混合，另外将水性石蜡乳液以及水按设计比例进行混合搅拌，最后将固体和液体充分混合并充填模具，在振荡台上振荡 1 min 左右后，制得新型隔水层模拟材料（固结体）。将固结体置于烘干箱中 3 d 左右即可脱模，脱模后再烘干 2 d 时间就可对其进行物理力学性能、浸水能力以及微观分析等检验。

综合考虑所要研究的影响因素，共设计 13 组材料配比，用于获取纳米碳酸钙、水性石蜡乳液对相似材料物理性能的影响。水灰比为 1 : 4，钙基膨润土和模型石膏作为材料添加剂，钙基膨润土占固体材料的 0.5%，模型石膏占固体材料的 10%。每个试件组分配比见表 6.1，相似材料试件试验过程见图 6.1。

表 6.1　每个试件组分配比

试验编号	河沙/g	纳米碳酸钙/g	水性石蜡乳液/g	水/g
A	299.04	1.68	0	84.0
B	297.36	3.36	0	84.0
C	297.36	3.36	42.0	42.0
D	297.36	3.36	58.8	25.2
E	297.36	3.36	84.0	0
F	295.68	5.04	0	84.0
G	295.68	5.04	42.0	42.0
H	295.68	5.04	58.8	25.2
I	295.68	5.04	84.0	0
J	294.00	6.72	0	84.0
K	294.00	6.72	42.0	42.0
L	294.00	6.72	58.8	25.2
M	294.00	6.72	84.0	0

6.1.2　试验结果分析

6.1.2.1　新型隔水层模拟材料抗压强度特性

第一步，新型隔水层模拟材料制备：先按比例称量各原料，然后依次加入搅拌盆内均匀搅拌，再称量水性石蜡乳液和水的质量，加入搅拌盆内人工搅拌 5 min，紧接着倒入准备好的 50 mm×100 mm 的标准模具中，最后置于振荡台上振荡 2 min 左右，抹去多余部分材

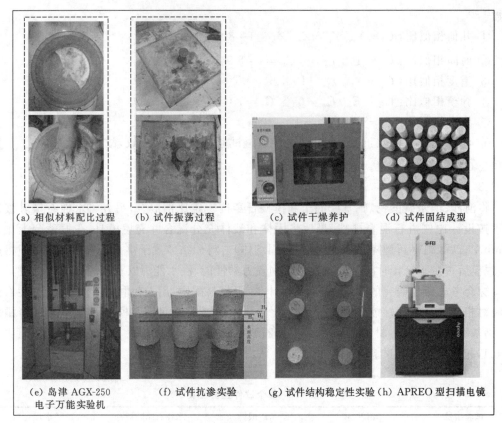

(a) 相似材料配比过程　　(b) 试件振荡过程　　(c) 试件干燥养护　　(d) 试件固结成型

(e) 岛津 AGX-250　　(f) 试件抗渗实验　　(g) 试件结构稳定性实验(h) APREO 型扫描电镜
电子万能实验机

图 6.1　相似材料试件试验过程

料,用黑色记号笔标记上序号。

第二步,新型隔水层模拟材料烘干处理:首先将试件置于真空干燥箱之中,设定温度为 80 ℃,干燥时间为 3 d,直至能够脱模。

第三步,试件养护:将脱模后的试件放入养护箱中,养护时间为 5 d 左右。

第四步,强度测试:养护结束后,采用岛津 AGX-250 电子万能试验机进行强度测试。各试件抗压强度见表 6.2。

表 6.2　各试件抗压强度

编号	抗压强度/MPa	编号	抗压强度/MPa
A	1.59	H	0.81
B	1.22	I	0.64
C	0.75	J	1.06
D	0.67	K	0.87
E	0.62	L	0.78
F	1.04	M	0.70
G	0.85		

四组试件轴向应力-应变关系曲线如图 6.2 所示,各试件的试验过程如图 6.3 所示。通过分析表 6.2 可知,随着纳米碳酸钙掺量的逐渐增加,试件的抗压强度先呈现降低趋势,然后保持稳定。

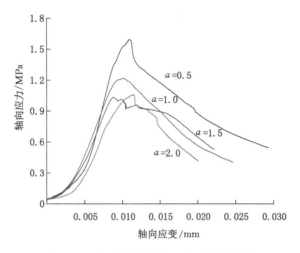

图 6.2　四组试件轴向应力-应变关系曲线

而从图 6.3 中可看出,该变化基本分为 3 个阶段:第 1 阶段为充分压密阶段,由于相似材料试件的骨架为河沙,内部存在大量空隙,随着荷载的逐渐增加,试件内部颗粒逐渐被压实。第 2 阶段为弹性变形阶段,该阶段试件主要发生弹性变形,即压头与试件密实接触,应力-应变曲线保持线性上升,该段的斜率即该试件的弹性模量,此阶段是应力-应变曲线的主要上升段。第 3 阶段是屈服阶段,在弹性变形阶段之后试件逐渐出现大贯通裂缝,轴向应力至强度峰值后开始快速下降,当该阶段试件被压屈服后,变形迅速增大导致应力急剧减小。

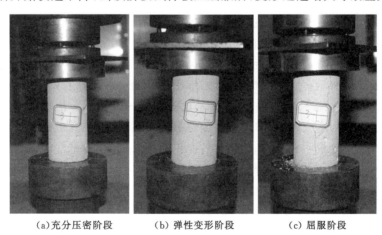

(a)充分压密阶段　　　(b)弹性变形阶段　　　(c)屈服阶段

图 6.3　各试件的试验过程

6.1.2.2　新型隔水层模拟材料不同配比下抗渗特性

本试验在静水压力下进行抗渗试验,通过试件的渗透高度来确定抗渗效果。将养护好的试件依次置于试验箱内,试验箱分别提前倒入水面高度为 10 mm、30 mm、50 mm 的水,用于测试在不同水面高度下的抗渗效果。我们设定测试时间为 3.5 h,每隔 0.5 h 对数据进行一次检测,每次检测取试件浸润高度线上 4 个不同位置的点求平均值。其具体方法如下。

假设试件在 Z 轴方向上的渗透高度曲线如图 6.4 所示,分别隔 90°选择一个目标点,再使用钢尺对每个目标点的渗透高度 Z_i 进行测量,最终求得的平均渗透高度为:

$$\overline{Z} = \frac{\sum_{i=1}^{4} Z_i}{4} \tag{6.1}$$

试验测试完毕后,用抹布将隔水层模拟材料试件表面水进行擦拭,并观察 3.5 h 后的试件渗透高度(如图 6.5 所示),可以明显地看出,各试件材料组成不同导致产生的抗渗效果也不同。

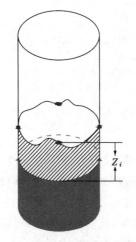

图 6.4　试件渗透高度曲线

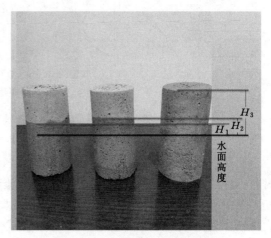

图 6.5　试件最终渗透高度

(1) 同一水面高度、不同蜡水比下的渗透高度

按照设计要求,在一个试验箱中放置 6 个试件、另一个试验箱中放置 7 个试件。分别统计 10 mm 水面高度下、30 mm 水面高度下、50 mm 水面高度下试件产生的渗透高度值,结果如图 6.6 至图 6.8 所示。从图中可看出,蜡水比为 0 的试件不具有抗渗效果,随着时间的推移呈线性状态逐渐被渗透到试件顶部;蜡水比为非 0 的试件具有抗渗效果。在同一水面高度下,当蜡水比从 0 增大到 0.7 时,渗透速率总体是逐渐减小的,最终试件的渗透高度也呈变小的趋势,抗渗效果明显增大;当蜡水比从 0.7 增大到 1 时,试件的渗透高度基本保持稳定,对提高抗渗性能几乎不产生影响。

(2) 不同水面高度、相同蜡水比下的渗透高度

试验分析不同水面高度对新型隔水层模拟材料试件的影响,尤其是对试件抗渗效果的影响。本试验中设定的不同水面高度使总渗透高度值不相等,故为了实现试验的合理性以及精准性,设定各试件的总渗透高度值均为 50 mm。不同蜡水比时各试件渗透高度如图 6.9 至图 6.12 所示。从图 6.9 至图 6.12 中可看出,当蜡水比为 0 时,水面高度的变化对试件渗透高度基本不产生影响;当蜡水比大于 0 时,水面高度越大,则渗水高度呈现逐渐降低趋势,渗水效果越好。当水面高度较大,蜡水比为 0.7 和 1.0 时具有较好的抗渗效果。

总体分析试件内部结构可知,模型石膏内部含有的二水石膏,其溶解度较大,遇水易造

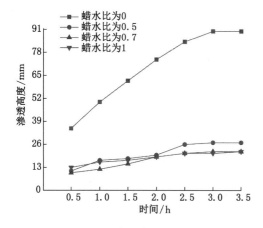

图 6.6　10 mm 水面高度下水渗透高度

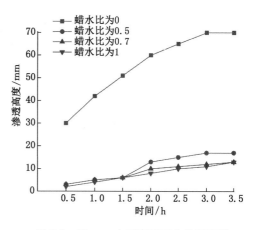

图 6.7　30 mm 水面高度下水渗透高度

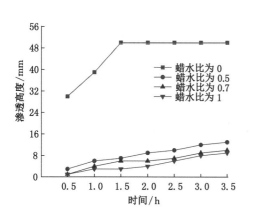

图 6.8　50 mm 水面高度下水渗透高度

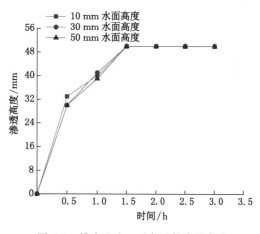

图 6.9　蜡水比为 0 时各试件渗透高度

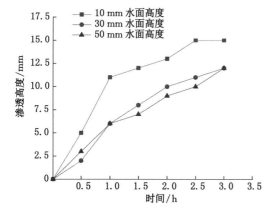

图 6.10　蜡水比为 0.5 时各试件渗透高度

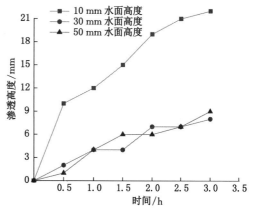

图 6.11　蜡水比为 0.7 时各试件渗透高度

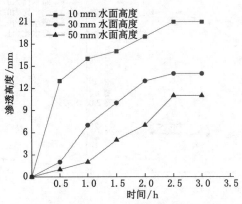

图 6.12　蜡水比为 1 时各试件渗透高度

成晶体接触点减少,破坏形成的空间网络结构从而表现为较差的耐水性。而加入水性石蜡乳液可以使其在石膏颗粒表面呈定向排列,亲水基团与石膏颗粒表面连接,憎水基团则在外层形成一致朝外的分布,失水后变成致密的保护层。同时,钙基膨润土能够吸收大量水分,从而产生膨胀作用,逐渐挤压周围的空间,进一步降低了试件内部的孔隙空间大小。

6.1.2.3　新型隔水层模拟材料结构稳定性测试

材料结构稳定性测试,即在自然状态下对试件进行全浸水试验。先分析各试件在不同浸水时间内的宏观变化,从而对这些试件有一个初步的认识。然后准备一个装满水的试验箱,将各试件置入试验箱内,分别全浸水 8 h、24 h、48 h,浸水时间完成后,用湿布迅速抹去试件表面水分。

各试件浸水试验过程如图 6.13 所示。在初始浸泡时,所有试件表面均出现大量气泡,表现出较快的吸水速率;试件浸泡 8 h 后,试件整体结构完整,无任何变化;试件浸泡 24 h 后,部分试件表层结构出现脱落现象,剩余试件整体结构完整,无明显变化;试件浸泡 48 h 后,所有试件表层结构都出现不同程度的脱落现象,但主体结构保持完整。

为了对这种现象有一个更明确的解释,故引进质量吸水率这个参数来分析各试件具体吸水变化状态和最终稳定情况。选取蜡水比为 0、0.5、0.7 和 1 的试件分别浸水 48 h,每隔 6 h 进行一次称重,以参数质量吸水率确定试件的质量变化情况。测试试验结果具体如图 6.14 所示。

质量吸水率计算公式如下:

$$W_0 = \frac{M_g - M_0}{M_0} \times 100\% \tag{6.2}$$

式中,W_0 为质量吸水率,%;M_0 为新型相似材料试件养护好后的质量,g;M_g 为新型相似材料试件吸水后的质量,g。

由图 6.14 可看出,每个试件在前 6 h 的质量吸水率最大,随后出现质量吸水率略微的增加现象,继而出现质量吸水率略微的降低现象。通过分析,试件固结成型后其表面存在大量的微小空隙,进行亲水试验时水可以通过空隙进入试件内部,导致试件质量变大;当试件充水饱和后,内部结构的物理性质在长时间浸泡下出现微小的弱化,导致某些空间结构被破坏并渗入孔隙水;当试件内部结构逐渐稳定后,其表层结构在长期浸泡下会出现不同程度的

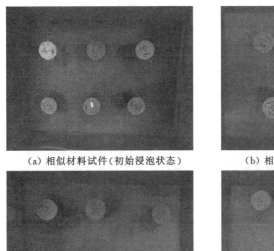
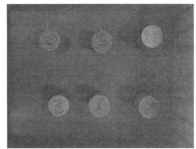

（a）相似材料试件（初始浸泡状态）　　　　（b）相似材料试件（浸泡 8 h 后）

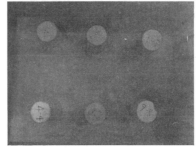

（c）相似材料试件（浸泡 24 h 后）　　　　（d）相似材料试件（浸泡 48 h 后）

图 6.13　各试件浸水试验过程

脱落，造成总质量的下降和强度的削弱；当试件的表层结构脱落完毕后，试件一直保持稳定状态。

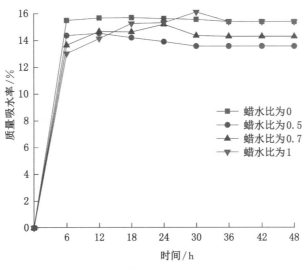

图 6.14　不同蜡水比下试件的质量吸水率

　　通过比较不同蜡水比的试件发现，蜡水比越大的试件其质量吸水率相应越低，质量吸水率增长时间越长。这是因为随着蜡水比的增大，其对应的试件内部憎水基团结构越稳定，水难以突破试件内部的憎水基团结构。但是在长期浸泡下，憎水基团结构会出现略微的软化，孔隙水易突破憎水基团结构的连接处,从而使质量吸水率略微地增长。

6.1.2.4 新型隔水层模拟材料不同配比下微观测试分析

选择美国麦克仪器公司生产的全自动比表面积与孔隙度分析仪(ASAP2460)对隔水层模拟材料试件进行比表面积和孔隙测试,分析各组分物相在吸水前、吸水一定时间后的微观形貌特征、空隙结构特征等状况,找出并分析相似材料试件最终强度的微观原因。首先,确定未进行浸水试验时蜡水比分别为 0、0.5、0.7、1 的隔水层模拟材料试件的孔隙结构,具体试验结果如表 6.3 和图 6.15 所示。

表 6.3 不同蜡水比下试件的比表面积、比孔容和孔径

试件条件	比表面积 / (m³/g)	比孔容 / (cm³/g)	孔径/nm
蜡水比为 0	1.060 3	0.002 721	10.265 3
蜡水比为 0.5	0.313 1	0.000 842	10.753 6
蜡水比为 0.7	0.280 2	0.001 023	14.595 0
蜡水比为 1	0.361 7	0.001 388	15.352 9

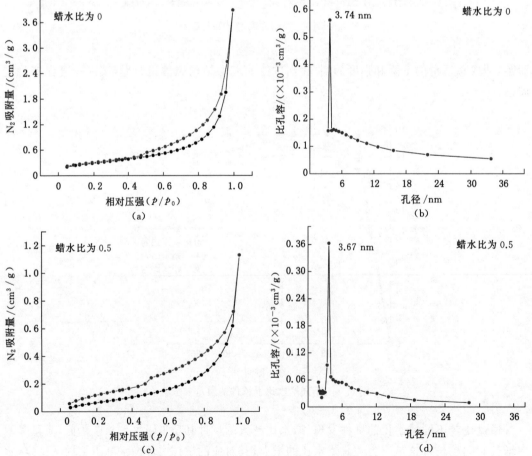

图 6.15 不同蜡水比试件在 195.850 ℃ 下的 N_2 吸附-脱附等温线和孔径分布

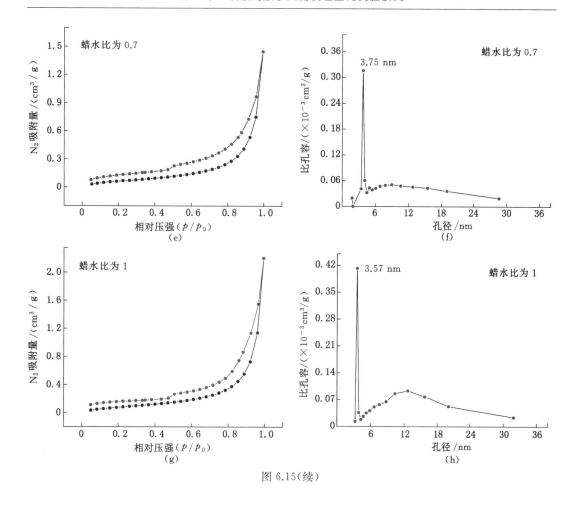

图 6.15（续）

从图 6.15 中可以看出，根据国际纯粹与应用化学联合会（IUPAC）的分类，这些等温线描绘了具有 H4 型滞后行为的典型Ⅳ型曲线[11]，这些曲线代表了介孔（孔径介于 2～50 nm之间）曲线。随着蜡水比的增加，BET 的比表面积和比孔容呈现先逐渐递减再略微增加的趋势，孔径则一直呈现增加的状态。这是因为石蜡能够充填沙粒间的微小孔隙，使周围的微结构体稳固并互相连接，孔径表现为逐渐扩大的趋势。

为了进一步分析浸水对隔水层模拟材料试件产生的弱化影响，分别取浸水时间为0、8 h、24 h、48 h 的试件，对其进行微观孔隙结构测试。这里我们以试件 J 为例，具体试验结果如表 6.4 和图 6.16 所示。

表 6.4 不同浸水时间下试件 J 的比表面积、比孔容和孔径

试件条件	比表面积 /(m²/g)	比孔容 /(cm³/g)	孔径 /nm
浸水时间为 0 h	0.384 9	0.001 223	12.712 0
浸水时间为 8 h	0.320 1	0.001 124	14.049 5
浸水时间为 24 h	0.294 9	0.000 660	8.955 0
浸水时间为 48 h	0.301 4	0.001 063	14.109 0

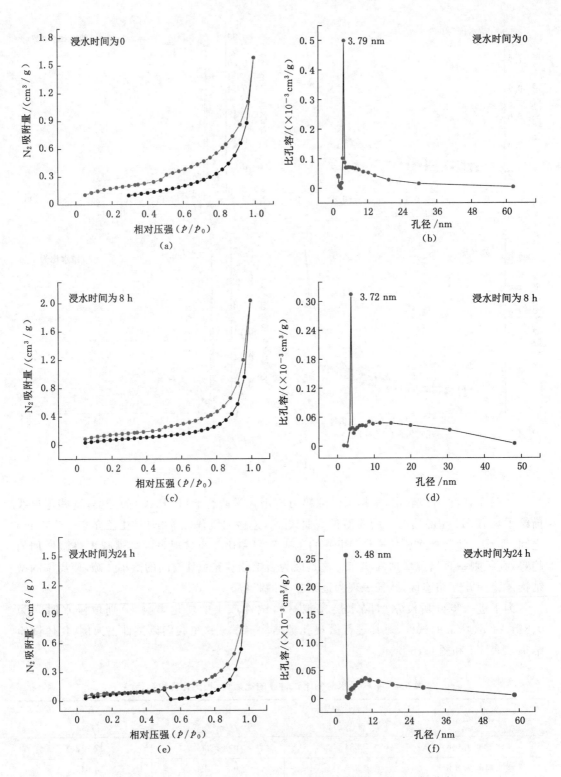

图 6.16　试件 J 在不同浸水时间下的 N_2 吸附-脱附等温线和孔径分布

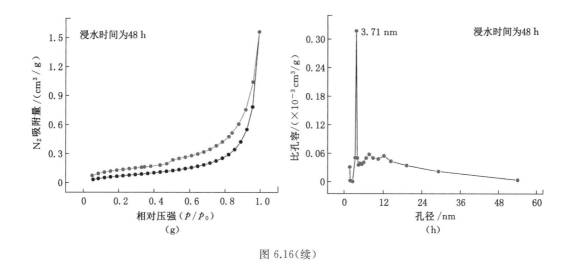

图 6.16(续)

由表 6.4 可知,随着浸水时间的增加,BET 的比表面积和比孔容的值都有所减小,而且随着时间的增加呈现先降低再增加的趋势,后期数值呈现增加趋势与试件表面物质脱落有关。图 6.16 中的孔径也表现为相同的变化趋势,从 3.79 nm 逐渐减小到 3.48 nm,再慢慢增加到 3.71 nm。总体来讲,随着浸水时间的逐渐增加,试件的物化性能会产生一定程度的削弱,符合煤矿顶板隔水层在长时间浸水过程中物化性能的表现,这将更有利于研究离层水渗流突水过程。

综上所述,综合隔水层模拟材料试件的抗压强度、抗渗性能以及微观表现等特性,选出更符合岩石物理特性的试件。其中,D 组数据更符合砂质泥岩物理特性,I 组数据更符合泥岩物理特性,K 组数据更符合粉砂岩物理特性。这些试件的抗压强度通过相似比放大后接近真实岩层的抗压强度;在不同时间段内,其抗渗效果得到充分体现;在 2 d 的浸水试验过程中,观察到了试件的结构稳定性变化情况,得出试件的稳定性较好的结论。

6.2 顶板离层水突涌相似模拟试验

6.2.1 顶板离层水突涌相似模拟试验系统

本试验设计的顶板离层水突涌相似模拟试验系统主要包括多角度物理模拟试验系统、含水层加载系统和离层水回收系统。

(1)多角度物理模拟试验系统

多角度物理模拟试验系统主要由框架、加载系统、旋转系统和测试系统组成。框架几何尺寸为 2.5 m×0.3 m×2.2 m,模型有效铺设高度为 1.9 m。加载系统通过顶部液压千斤顶加载。采用江苏东华测试技术股份有限公司生产的 DH3815 和 DH3818 应变测试系统同时监测,可全程对监测点的应力变化进行监测。选择南方 NTS-391R10 全站仪监测各岩层的下沉移动情况。相关试验设备及仪器如图 6.17 所示。

(2)含水层加载系统

(a) 多角度物理模拟实验系统

(b) 应变测试系统　　　　　　　(c) 南方 NTS-391R10 全站仪

图 6.17　相关试验设备及仪器

含水层加载系统由小型蠕动泵 DIPump550-B253 和进水管路组成。小型蠕动泵包括数字显示面板、步进电机、正反转开关、调速旋钮和脚踏开关。其中水泵流量为 5~670 mL/min。小型蠕动泵如图 6.18 所示。进水管路主要为埋在相似模拟岩层内部的管道,直径为 5 mm。进水管道如图 6.19 所示。

(3) 离层水回收系统

离层水回收系统主要包括前后水槽、小型蠕动泵和水箱。前后水槽主要用于收集渗流到工作面的离层水,小型蠕动泵的作用是将水槽的水抽到水箱之中。离层水回收系统装置如图 6.20 所示。

6.2.2　相似材料模拟试验参数

基于上一节对隔水层相似材料的研制,模拟离层空间的积水过程和渗流作用。另外,为了保证砂岩层能够有效渗流及储水,在配制该岩层材料时加入了适量的水性石蜡乳液。在

图 6.18　小型蠕动泵

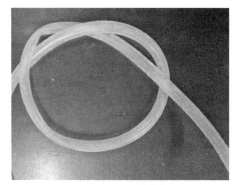

图 6.19　进水管道

（a）模型前侧水槽

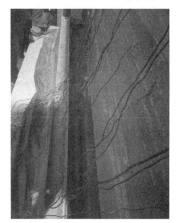

（b）模型后侧水槽

（c）回收水箱

图 6.20　离层水回收系统装置

模型的铺设过程中,岩层分层通过布置云母粉实现,这样可以有效防止岩层之间由于压力而粘连在一起。水灰比设为 1∶10。岩层相似材料配比和用量如表 6.5 所示。

　　进水管路深埋于模型内部,埋设方式为垂直布置,以模型中部为对称面向两侧扩展,每隔 10 cm 布置一个,管路出口位于第 9 层粗砂岩内,管路进口位于模型顶部与导水胶管相连。同时,为了监测煤层推进过程中上覆岩层的应力变化,本次共铺设 24 个应力传感器,分别布置于直接顶、第 8 层粉砂岩和第 9 层粗砂岩中,每层 8 个,编号为 R1 至 R24。

　　根据 21805 工作面埋深及相似比,模型顶部未铺设的 250 m 岩层通过施加垂直荷载实现,岩层平均重度定为 25 kN/m³,故需要补偿的垂直荷载为 0.078 MPa。

表 6.5　岩层相似材料配比和用量

岩层编号	岩性	厚度/m	模型厚度/cm	配比号	材料用量/kg							
					固体质量/kg					液体质量/kg	
					河沙	纳米碳酸钙	模型石膏	钙基膨润土	总重	水	水性石蜡乳液
13	粉砂岩	6	7.50	7451	96.55	5.52	6.90	1.38	110.35	3.31	7.72
12	细砂岩	6	7.50	782	96.55	11.04	2.76	0	110.35	8.83	2.21
11	粉砂岩	18	22.50	7451	289.69	16.55	20.69	4.14	331.07	9.93	23.17
10	细砂岩	7	8.75	782	112.65	12.87	3.22	0	128.74	10.30	2.57
9	粗砂岩	10	12.50	537	153.26	9.20	21.45		183.91	16.55	1.84
8	粉砂岩	8	10.00	7451	128.74	7.36	9.20	1.84	147.14	4.41	10.30
7	细砂岩	4	5.00	782	64.37	7.36	1.84	0	73.57	5.89	1.47
6	粉砂岩	6	7.50	7451	96.55	5.52	6.90	1.38	110.35	3.31	7.72
5	粗砂岩	6	7.50	537	91.96	5.52	12.87		110.35	9.93	1.10
4	细砂岩	12	15.00	782	193.12	22.07	5.52	0	220.71	17.66	4.41
3	8 煤	3	3.75	673	47.30	5.52	2.36	0	55.18	5.52	0
2	粉砂岩	20	25.00	7451	321.87	18.39	22.99	4.60	367.85	11.04	25.75
1	细砂岩	24	30.00	782	386.24	44.14	11.04	0	441.42	35.31	8.83

为消除边界效应的影响,在模型两侧边界处分别留设约 50 cm 宽的煤层作为保护煤柱。工作面推进长度为 150 cm,从模型右端开始推进,每次推进 10 cm,根据几何相似比可得实际推进距离为 8 m,若实际推进速度为 5 m/d,根据时间相似比,模型须每隔 4.3 h 推进一次。

6.2.3　模型试验过程

根据试验方案分别配比不同岩层相似材料并逐层铺设,铺设过程中在模型的设计位置依次安装应力传感器和导水胶管,并在模型前后两侧连通前后水槽以及含水层加载系统,最后在模型前方 3 m 处安装全站仪。试验系统及模型铺设过程如图 6.21 所示。模型晾晒完毕后,在模型表面安装反光片,布置方式为长度上每隔 5 cm 安装一个,高度上每隔 10 cm 安

(a) 布置云母粉　　　　(b) 搅拌各材料　　　　(c) 安装导水胶管

图 6.21　试验系统及模型铺设过程

(d) 布置反光片　　　　　　　　　　(e) 用染料标记各岩层

(f) 连接应力传感器　　　　　　　　　(g) 连接进水管路

图 6.21(续)

装一个,组成 5 cm×10 cm 的网格化界面。同时,对重点研究岩层用不同颜色加以区分,其中黑色代表煤层,白色代表细砂岩。先按照设计的推进步距开挖煤层,直到产生离层空间,再通过含水层加载系统向模型内部注水,观察采动影响下离层空间的积水情况、渗流特征和工作面突涌水危害性;试验过程中利用应力传感器和全站仪实时监测整个地层应力及位移变化,并用水箱收集试验过程中渗流到工作面的突涌水。

6.3　模型试验结果分析

6.3.1　覆岩运动规律演化特征

按照试验的设计步距和时间开挖煤层,当工作面推进 40 cm 时,直接顶产生层间微裂隙,下分层略微弯曲;当工作面推进 50 cm 时,直接顶下分层下沉触底,层间裂隙变大,垮落高度为 7.4 cm,如图 6.22 所示;当工作面推进 60 cm 时,直接顶上分层也发生破断,覆岩垮落高度为 10.8 cm,经计算,开切眼侧的岩层破断角为 65°,推进侧岩层破断角为 63°,如图 6.23 所示。

当工作面推进 70 cm 时,细砂岩和粗砂岩之间产生离层,离层空间最大发育高度为 2.1 cm,由于煤柱和采空区垮落岩层的支撑作用,工作面推进侧的直接顶下分层在产生的周期性纵向裂隙处完全垮落,导致离层空间的走向长度(为 47.6 cm)较小,如图 6.24 所示。

随后推进过程中,离层空间上位粗砂岩(亚关键层)支撑其上覆岩层荷载,离层空间继续发育扩大,直至工作面推进 90 cm 时,亚关键层(第 5 层)发生破断,其上方的粉砂岩(第 6 层)随之垮落,而第 7 层的细砂岩和第 8 层的粉砂岩出现明显的弯曲下沉现象,第 8 层粉砂岩内产生较长的横向裂隙,裂隙走向长度为 43.5 cm,导水裂缝带高度为 40 cm,经过 2 h

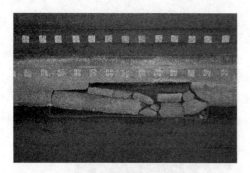

图 6.22　直接顶下分层垮落

图 6.23　直接顶上分层垮落

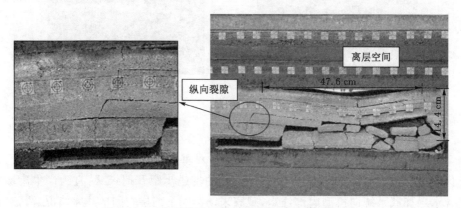

图 6.24　工作面推进 70 cm 时的离层空间发育情况

后,细砂岩和粉砂岩进一步下沉,且岩层中部区域出现明显的纵向导水裂隙,粉砂岩横向裂隙进一步发生张拉破坏,走向长度增长至 52.3 cm,裂隙发育高度增至 2.1 cm,开切眼侧岩层破断角为 67°,推进侧岩层破断角为 65°,同时粉砂岩和上部的粗砂岩(第 9 层)之间出现微小横向裂隙,裂隙发育不明显。具体破坏图如图 6.25 所示。

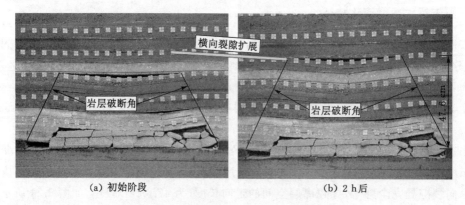

(a) 初始阶段　　　　　　　　　　　　　(b) 2 h 后

图 6.25　工作面推进 90 cm 时覆岩破坏图

当工作面推进 110 cm 时,横向裂隙逐渐向两侧扩展形成离层空间,导水裂缝带高度上升至 45.6 cm,离层空间发育高度为 2.2 cm,离层空间走向长度为 61.2 cm,开切眼侧计算出的岩层破断角为 68°,而推进侧的岩层破断角为 57°,推进侧岩层的破断角相对之前变小,这是由于推进侧直接顶上分层垮落未被完全压实,如图 6.26 所示。在此阶段开始对含水层(第 9 层)进行注水试验,工作面仍按设计要求推进。当工作面推进 130 cm 时,在煤层应力和离层水水压耦合作用下,离层空间扩大,离层空间发育高度增长为3.3 cm,离层空间走向长度变为 82.6 cm,开切眼侧岩层破断角保持不变,推进侧岩层破断角变为 58°,随后发生离层水突涌事故,如图 6.27 所示。关于离层积水规律及突涌过程将在"6.3.2"中详细介绍。

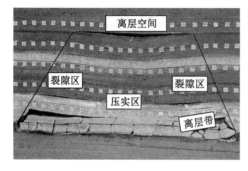 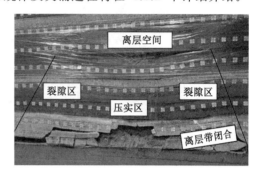

图 6.26　可积水离层空间形成　　　　　　图 6.27　离层空间最大发育高度

当工作面推进 140 cm 时,下部直接顶出现周期性的垮落现象,上覆岩层导水裂隙随之向上发育,离层空间走向长度略微增加。离层空间上方的粗砂岩内产生明显的横向裂隙,离层空间发育高度降低到 2.9 cm,如图 6.28 所示。当工作面推进 150 cm 时,上覆岩层导水裂隙向上发育明显,离层空间走向长度增加了 18.8 cm。在该推进阶段后期,粗砂岩突然发生破断,上部各岩层依次发生垮落。工作面推进 140 cm 时覆岩破坏图如图 6.28 所示。

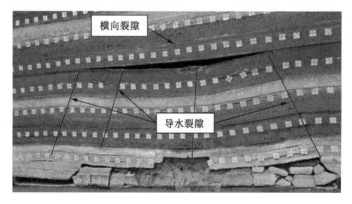

图 6.28　工作面推进 140 cm 时覆岩破坏图

从图 6.29 中可以看出,离层空间下方推进侧导水裂隙比开切眼处更多,发生离层水事故时涌水量相对更大,从而验证了现场顶板离层水突涌事故多集中于工作面区域的现象。同时,由于粗砂岩(第 9 层)发生破断垮落,上部被支撑岩层也随之垮落,此时离层空间上方岩层破断角为 80°～83°,明显高于离层空间下部岩层破断角,这说明粗砂岩(第 9 层)在覆岩运移过程中能够支撑部分岩层自重,使得岩层破断角一般较小。

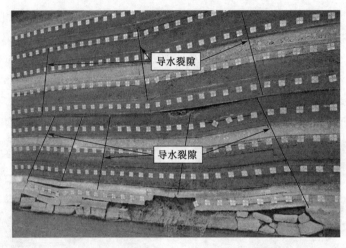

图 6.29　工作面推进 150 cm 时粗砂岩破断图

6.3.2　离层积水及离层水突涌过程

　　当工作面推进 110 cm 时,上覆粗砂岩(第 9 层)和粉砂岩(第 8 层)之间产生离层空间。随后开始对含水层进行加载试验。先连接各导水管道并连通电源,设置的初始水泵流量为 300 mL/min(图 6.30);当发现离层空间出现水并缓慢增加时[图 6.31(a)],即说明含水层充水试验成功,随后将水泵流量从 300 mL/min 调至 500 mL/min,这时能明显发现离层空间积水量增多[图 6.31(b)至图 6.31(d)];继续推进工作面,观察离层空间积水情况。

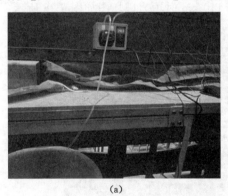

　　　　　　　(a)　　　　　　　　　　　　　　　　　　(b)

图 6.30　含水层注水试验过程

将离层积水过程分析如下。

　　(1)积水初始阶段:在含水层加载试验过程中,水进入粗砂岩内后的渗流过程存在各向异性,主要归为两个方向:① 在粗砂岩内部向岩层两侧扩展渗流,粗砂岩含水量增多逐渐形成含水层;② 随粗砂岩内孔隙向下渗流,初期渗流量较小,一段时间后到达离层空间。

　　(2)积水量增长阶段:随着水泵流量的增加,水向粗砂岩两侧和下侧的渗流量相应增多,粗砂岩含水范围增加,离层空间积水量也逐渐增加,积水高度明显增长。

　　(3)积水量最大阶段:由于自重的影响,水向粗砂岩两侧的渗流速度明显降低,主要下

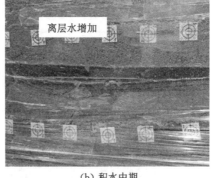

（a）积水初期　　　　　　　　　　　（b）积水中期

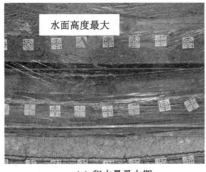
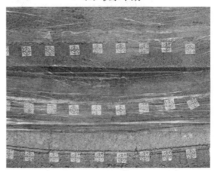

（c）积水量最大期　　　　　　　　　（d）积水量稳定期

图 6.31　离层空间积水试验过程

渗至离层空间,离层空间积水量明显增加。在采动应力和静水压力共同作用下,软岩层内裂隙进一步扩展发育,逐渐沟通离层空间内水体,出现少量离层水渗流,使得离层空间积水高度短时保持不变,离层积水量达到最大。

（4）积水致灾阶段:离层水初期在裂隙通道内慢速渗流,并依次连通下部各岩层的裂隙通道。随后,离层水稳定渗流并逐渐侵蚀裂隙通道,导致离层水涌水量变大,大量水沙突涌向下部工作面。

离层水突涌过程具体为:当工作面推进 130 cm 期间,工作面发生离层水突涌事故,采空区垮落岩层也被离层水冲出落到水槽内,具体如图 6.32 所示。

由图 6.32 可看出,离层水从下部的粉砂岩渗流而下后,主要通过采动产生的导水裂隙突涌至工作面。同时,本试验过程存在两条连续性的导水裂隙,导致离层水快速渗流。随着涌水量急速增大,导水裂隙通道周围岩层都吸附水,当工作面涌水量增大到一定程度时会出现大岩块崩解,从而导致采空区部分岩石被冲出模型。

6.3.3　离层空间涌水分析

在离层水突涌试验后需要对突涌出的离层水进行收集。利用小型蠕动泵 DIPump550-B253 反向运转,抽取水槽中积聚的突涌水,收集过程如图 6.33 所示。水槽中存在大量被冲出的块状岩层及泥沙,水质浑浊。

将水抽出后称重,得出突涌水的质量为 8.3 kg,而含水层加载试验注入水的质量为

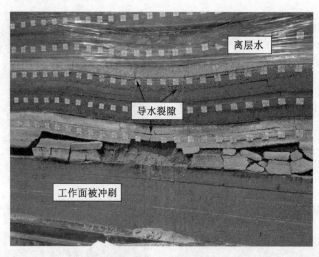

图 6.32　离层水突涌过程

图 6.33　离层水收集过程

20 kg,突涌水的质量占总注水质量的 41.5％,说明注入的大量水部分进入各岩层内部,包括离层空间上位粗砂岩、工作面垮落岩层以及导水裂隙附近岩层,离层空间下位粉砂岩由于具有很强的阻水性,含水量极少。在离层水突涌通道里,岩层导水裂隙越发育,储存的水也就越多。

　　对突涌水过程中的导水裂隙所在岩层进行取样,分析各岩层的吸水情况,如图 6.34 所示。

　　图 6.34(a)所示为工作面中的第 4 层细砂岩,胶结岩层现已分解为细小颗粒,颗粒含水量最多,受到水侵蚀程度最严重;图 6.34(b)所示为第 5 层的粗砂岩,颗粒大部分被分解,含水量次之;图 6.34(c)所示为第 6 层的粉砂岩,颗粒表面相对较干燥,仅有部分被分解,含水量最少。这说明从工作面到上部导水裂隙顶端的这部分岩层,各岩层离工作面越远,受离层水侵蚀则越小,而工作面吸水量最大,受影响最严重。

6.3.4　覆岩运移规律

　　随着工作面不断推进,采空区上部直接顶逐渐发生弯曲下沉、垮落,基本顶随之破断。图 6.35 为工作面分别推进 60 cm、90 cm、110 cm 和 150 cm 时各测线的沉降曲线,即覆岩运移变化图。

　（a）工作面垮落岩层　　　　　（b）粗砂岩　　　　　　　（c）粉砂岩

图 6.34　离层空间下部的各岩层样品

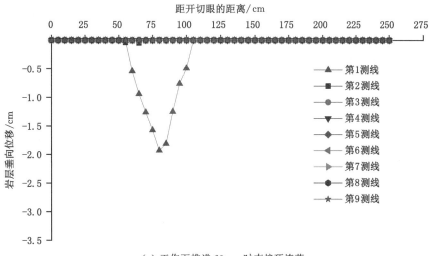

（a）工作面推进 60 cm 时直接顶垮落

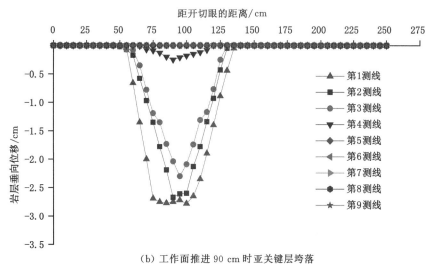

（b）工作面推进 90 cm 时亚关键层垮落

图 6.35　覆岩运移变化图

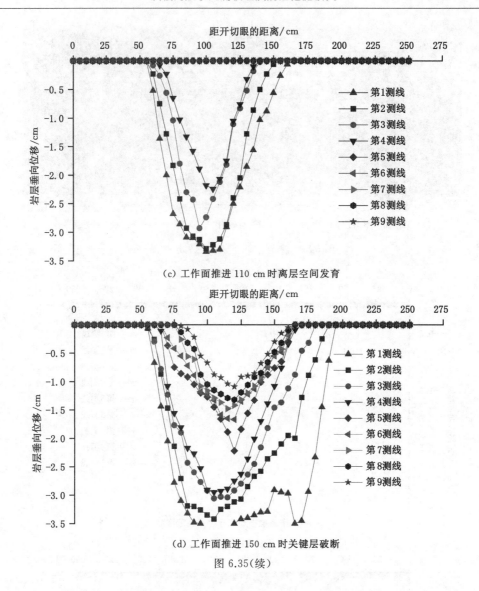

(c) 工作面推进 110 cm 时离层空间发育

(d) 工作面推进 150 cm 时关键层破断

图 6.35(续)

如图 6.35(a)所示,直接顶下分层垮落,下沉曲线如第 1 测线所示,呈现"V"形下沉[12],两侧对称,采空区最大沉降值(即岩层垂向位移)为 1.93 cm;第 2 测线岩层略微下沉,沉降值为 0.05 cm,处于稳定状态。

如图 6.35(b)所示,第 5 层粗砂岩(亚关键层)破断后,第 6 层粉砂岩、第 7 层细砂岩和第 8 层粉砂岩下分层随之下沉,表明关键层对控制覆岩运移过程具有非常重要的作用。第 1 测线岩层进一步沉降,下沉值增加至 2.78 cm,第 2 测线岩层、第 3 测线岩层和第 4 测线岩层最大下沉值逐级递减,分别为 2.67 cm、2.3 cm 和 0.25 cm。

如图 6.35(c)所示,工作面推进 110 cm 时离层空间发育,第 1 测线至第 4 测线岩层进一步沉降,第 4 测线岩层沉降明显,下沉增加值为 1.99 cm,沉降形态为不规则"V"形,离层空间最大发育高度为 2.2 cm。

如图 6.35(d)所示,工作面推进 150 cm 时,第 9 层粗砂岩(关键层)破断后,上覆支撑岩层依次下沉,各岩层下沉值由下至上逐级递减,第 1 测线至第 4 测线岩层沉降形态由不规则

"V"形变为"U"形,第 5 测线至第 9 测线岩层沉降形态为不规则"V"形,即离层空间上下岩层沉降形态不同。

6.3.5　覆岩应力变化规律

在相似模拟材料试验模型中布置 3 组测线,这 3 组测线分别位于第 4 层细砂岩、第 8 层粉砂岩和第 9 层粗砂岩,每组测线 8 个测点,间隔 20 cm,各岩层监测结果如图 6.36 至图 6.38 所示。

由图 6.36 可以看出,测线 1 中测点 1 位于工作面推进 10 cm 的岩层上方,在开采初始就处于卸压区,测点应力变为负值,当岩层垮落并被压实后应力开始逐渐恢复;测点 2 至测点 8 则表现出一定的规律性,应力变化都是先逐渐增加,再降低至负值,后随着工作面的推进逐渐恢复。

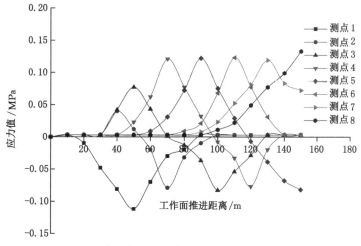

图 6.36　工作面推进过程中测线 1 上测点应力变化曲线

如图 6.37 所示,测线 2 位于煤层上方 45 cm 处的粉砂岩中,初期受采动影响较小,应力基本不变。当工作面推进 110 cm 时,下位粉砂岩与上位粗砂岩分离产生离层空间,测点 9

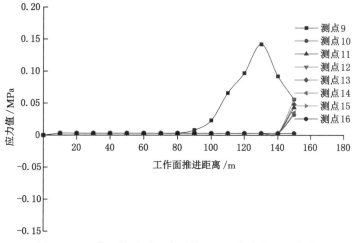

图 6.37　工作面推进过程中测线 2 上测点应力变化曲线

位于两侧岩层承压区,应力逐渐增加,测点 10 至测点 14 位于岩层分离区,应力基本不变。当工作面推进 150 cm 时,上位粗砂岩破断,导致上覆岩层下沉至粉砂岩之上,粉砂岩受压,应力增大。测点 15 和测点 16 未受开采应力扰动,应力一直保持稳定不变。

如图 6.38 所示,在工作面推进过程中,测点 17 位于两侧岩层承压区,应力逐渐增加,后期离层空间闭合,粗砂岩卸压使应力逐渐降低。测点 18 至测点 22 应力变化均为先下降后升高,最后再下降;初期离层空间发育,下位岩层对粗砂岩下拉作用明显,导致应力下降;随着离层空间进一步发育,粗砂岩逐渐承载上覆岩层荷载,导致应力逐渐增加;当工作面推进 150 cm 时,粗砂岩破断导致内部岩层卸压而发生应力下降。

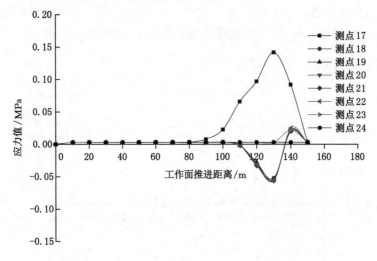

图 6.38 工作面推进过程中测线 3 上测点应力变化曲线

参 考 文 献

[1] 汪雅婷.模拟含水地层相似材料的力学特性及配比试验研究[D].北京:北京交通大学,2016.

[2] 孙文斌,张士川,李杨杨,等.固流耦合相似模拟材料研制及深部突水模拟试验[J].岩石力学与工程学报,2015,34(增刊 1):2665-2670.

[3] 刘晓敏,盛谦,陈健,等.大型地下洞室群地震模拟振动台试验研究(Ⅰ):岩体相似材料配比试验[J].岩土力学,2015,36(1):83-88.

[4] 李剑光,张余标,张金龙,等.软岩相似模拟材料单轴压缩力学特性的温度效应试验研究[J].应用力学学报,2019,36(1):225-229,265.

[5] 李天斌,王湘锋,孟陆波.岩爆的相似材料物理模拟研究[J].岩石力学与工程学报,2011,30(增刊):2610-2616.

[6] 汪辉.保水开采固液耦合相似模拟非亲水材料的研制及应用[D].徐州:中国矿业大学,2015.

[7] 李树刚,赵鹏翔,林海飞,等.煤岩瓦斯"固-气"耦合物理模拟相似材料特性试验研究

[J].煤炭学报,2015,40(1):80-86.

[8]　WANG Z Y,ZHANG Q,SHAO J L,et al.New type of similar material for simulating the processes of water inrush from roof bed separation[J].ACS omega,2020,5(47):30405-30415.

[9]　ZHANG G J,GUO G L,LV Y N,et al.Study on the strata movement rule of the ultrathick and weak cementation overburden in deep mining by similar material simulation:a case study in China[J].Mathematical problems in engineering,2020,2020:7356740.

[10]　CUI F,JIA C,LAI X P.Study on deformation and energy release characteristics of overlying strata under different mining sequence in close coal seam group based on similar material simulation[J].Energies,2019,12(23):4485.

[11]　ZHAO J H,SHU Y,ZHANG P F.Solid-state CTAB-assisted synthesis of mesoporous Fe_3O_4 and $Au@Fe_3O_4$ by mechanochemistry[J].Chinese Journal of catalysis,2019,40(7):1078-1084.

[12]　闫奋前.特厚煤层开采覆岩离层动态演化特征及离层水害防治研究[D].青岛:山东科技大学,2020.

第7章 离层水突涌危害性评价方法

7.1 常用权重方法

7.1.1 层次分析法

层次分析(AHP)法是 1980 年由萨蒂提出的一种将定性因素量化的主观分析方法,主要通过将无形因素转化为数值,再根据各影响因素的重要程度(即重要度)进行一系列成对比较,从而计算出各因素的权重,解决了评价因素难以量化或区分优先级的问题[1-3]。其基本步骤如下。

(1) 建立层次结构体系。一般可分为三个级别,分别为目标层、中间分类层和因素层。AHP 法的研究层次结构如图 7.1 所示。

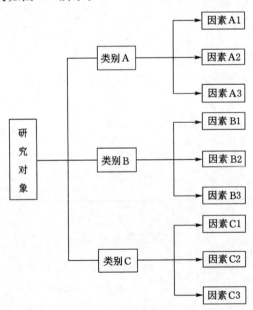

图 7.1 AHP 法的研究层次结构

(2) 构建判断矩阵。对各层次的各因素进行权重分析时,依次选出其中的两个因素进行相对尺度比较,根据重要度确定其等级。因素重要度的定义可参考表 7.1。

表 7.1　因素重要度的定义

两个因素重要度对比情况	相对应的量化值
两个因素重要度相等	1
一个因素的重要度稍微大	3
一个因素的重要度比较大	5
一个因素的重要度很大	7
一个因素的重要度极大	9
上述对比情况的中间值	2,4,6,8

（3）计算各因素的权重。先将各层次的因素重要度量化后进行归一化处理,从而得出判断矩阵的确定值,再对各层次的影响因素重要度所占比例进行分析,得出各因素的权重值 $\omega_2 = (w_1', w_2', \cdots, w_n')^{\mathrm{T}}$。

（4）一致性检验。AHP 法要求判断矩阵具有大体的一致性,能够使计算的结果基本合理。其计算公式为:

$$R_{\mathrm{C}} = \frac{I_{\mathrm{C}}}{I_{\mathrm{R}}} \tag{7.1}$$

$$I_{\mathrm{C}} = \frac{\lambda_{\max} - n}{n - 1} \tag{7.2}$$

式中,R_{C} 为一致性比率,$\lambda_{\max}$ 为一致性矩阵的最大特征根,n 为成对比较的因子个数,I_{R} 为随机一致性指标,其值可参考表 7.2。

表 7.2　随机一致性指标(I_{R}值)

n	1	2	3	4	5	6	7	8	9	10	11
I_{R}	0	0	0.58	0.90	1.12	1.24	1.32	1.41	1.45	1.49	1.51

7.1.2　熵权法

熵权法[4]是一种通过现场实测数据来计算各评价指标权重的分析方法,其结果主要取决于评价指标之间的变异程度,当某个指标的变异程度越大及信息熵越小时,其权重值越大。这种方法从评价模型影响因素的实际值出发,有利于产生较为准确的结果,在多属性决策问题上应用较广。

单一的熵权法对客观事物的评价作用不大,改进熵权法的应用是当前主要的研究内容。现今我们可以发现熵权-Topsis 法[5]、熵权和模糊 C-均值加权法[6]、熵权和模糊物元分析法[7]、AHP-熵权法[8]等被广泛地应用于各行各业,这为解决事故安全隐患、地下开采风险和公共设施管理等复杂问题提供了帮助。

熵权法的具体步骤如下。

（1）建立初始矩阵。假设存在 m 个评价样本,n 个评价指标,则初始矩阵为:

$$\boldsymbol{B}_{m \times n} = \begin{bmatrix} x_{11} & x_{12} & \cdots & x_{1n} \\ x_{21} & x_{22} & \cdots & x_{2n} \\ \vdots & \vdots & \ddots & \vdots \\ x_{m1} & x_{m2} & \cdots & x_{mn} \end{bmatrix} \tag{7.3}$$

（2）指标标准化处理。在多指标评价系统中，各指标的量纲不同导致参数无法直接利用，故需要对各指标进行标准化处理。这里的标准化处理方法一共分为两类，一类是效益型指标（越大越优型），另一类是成本性指标（越小越优型），公式如下。

效益型指标为：

$$\bar{x}_{ij} = \frac{x_{ij} - \min_{1 \leqslant i \leqslant m}(x_{ij})}{\max_{1 \leqslant i \leqslant m}(x_{ij}) - \min_{1 \leqslant i \leqslant m}(x_{ij})} > 0 \tag{7.4}$$

成本性指标为：

$$\bar{x}_{ij} = \frac{\max_{1 \leqslant i \leqslant m}(x_{ij}) - x_{ij}}{\max_{1 \leqslant i \leqslant m}(x_{ij}) - \min_{1 \leqslant i \leqslant m}(x_{ij})} > 0 \tag{7.5}$$

式中，$\bar{x}_{ij}$ 表示第 i 个评价样本的第 j 个评价指标的相对隶属度；$\max_{1 \leqslant i \leqslant m}(x_{ij})$ 表示第 i 个评价样本的最大值；$\min_{1 \leqslant i \leqslant m}(x_{ij})$ 表示第 i 个评价样本的最小值。

（3）计算矩阵中第 i 个评价样本的权重分配。

$$Y_{ij} = \frac{\bar{x}_{ij}}{\sum\limits_{i=1}^{m} \bar{x}_{ij}} \tag{7.6}$$

式中，Y_{ij} 表示矩阵中第 i 个评价样本的第 j 个评价指标的权重。显然，Y_{ij} 满足 $0 \leqslant Y_{ij} \leqslant 1$，$\sum\limits_{i=1}^{m} Y_{ij} = 1$。

（4）计算第 j 个评价指标的熵值。

$$Z_j = -\frac{1}{\log m} \sum_{i=1}^{m} Y_{ij} \log Y_{ij} \tag{7.7}$$

（5）计算每个评价指标的熵权。

$$\xi_j = \frac{1 - Z_j}{n - \sum\limits_{j=1}^{n} Z_j} \geqslant 0 \tag{7.8}$$

我们很容易看出 $\sum\limits_{j=1}^{n} \xi_j = 1$，熵值越小，则熵权越大，评价指标的重要度也更大。

7.1.3 灰色关联分析法

灰色关联分析法是灰色系统理论中重要的组成部分，以样本数据为计算模型，通过描述各因素之间关系的相似程度来确定它们之间的关联程度。若各因素在系统内方向、大小、速度等变化趋势具有相似性或一致性，则它们之间的关联度就高，反之关联度相对较低[9-11]。

（1）构建评价矩阵

根据评价对象的不同，通过现场调研、数据监测等方式搜集具有重要影响的关联指标数据，构建一个具有 m 个评价指标、n 个样本的矩阵，矩阵如下所示：

$$\boldsymbol{X} = (\boldsymbol{X}_1, \boldsymbol{X}_2, \cdots, \boldsymbol{X}_n) = \begin{bmatrix} x_{11} & x_{12} & \cdots & x_{1m} \\ x_{21} & x_{22} & \cdots & x_{2m} \\ \vdots & \vdots & \vdots & \vdots \\ x_{n1} & x_{n2} & \cdots & x_{nm} \end{bmatrix} \tag{7.9}$$

（2）对样本数据进行无量纲化处理

常用的无量纲化方法有统一极差处理法、差异化极差处理法、归一化处理法和均值化处理法等，这种方法也适用于熵权法，这里不多介绍。

① 统一极差处理法

$$\bar{x}_{ij} = \frac{x_{ij} - \min_{1 \leqslant i \leqslant n}(x_{ij})}{\max_{1 \leqslant i \leqslant n}(x_{ij}) - \min_{1 \leqslant i \leqslant n}(x_{ij})} \tag{7.10}$$

式中，x_{ij} 为第 i 个样本的第 j 项评价指标的初始数据；$\bar{x}_{ij}$ 为处理后的数据。

② 差异化极差处理法

正向指标（第 j 项指标数据越大，评价对象越危险）

$$\bar{x}_{ij} = \frac{x_{ij} - \min_{1 \leqslant i \leqslant n}(x_{ij})}{\max_{1 \leqslant i \leqslant n}(x_{ij}) - \min_{1 \leqslant i \leqslant n}(x_{ij})} \tag{7.11}$$

负向指标（第 j 项指标数据越小，评价对象越安全）

$$\bar{x}_{ij} = \frac{\max_{1 \leqslant i \leqslant n}(x_{ij}) - x_{ij}}{\max_{1 \leqslant i \leqslant n}(x_{ij}) - \min_{1 \leqslant i \leqslant n}(x_{ij})} \tag{7.12}$$

③ 归一化处理法

$$\bar{x}_{ij} = \frac{x_{ij}}{\sum_{i=1}^{n} x_{ij}} \tag{7.13}$$

④ 均值化处理法

$$\bar{x}_{ij} = \frac{x_{ij}}{\mathrm{ave}(x_{ij})} = \frac{x_{ij}}{\frac{1}{n} \sum_{i=1}^{n} x_{ij}} \tag{7.14}$$

无量纲化后组成的矩阵如下：

$$\boldsymbol{X}_{ij} = \begin{bmatrix} \bar{x}_{11} & \bar{x}_{12} & \cdots & \bar{x}_{1m} \\ \bar{x}_{21} & \bar{x}_{22} & \cdots & \bar{x}_{2m} \\ \vdots & \vdots & \ddots & \vdots \\ \bar{x}_{n1} & \bar{x}_{n2} & \cdots & \bar{x}_{nm} \end{bmatrix} \tag{7.15}$$

$$\boldsymbol{X}_{0j} = (x_{01}, x_{02}, \cdots, x_{0m})$$

把规范化的序列 $\boldsymbol{X}_{0j}$ 作为参考序列，$\boldsymbol{X}_{ij}$ 作为比较序列，则关联系数为：

$$\xi_{ij} = \frac{\min\min|\bar{X}_{0j} - \bar{X}_{ij}| + \rho \cdot \max\max|\bar{X}_{0j} - \bar{X}_{ij}|}{|\bar{X}_{0j} - \bar{X}_{ij}| + \rho \cdot \max\max|\bar{X}_{0j} - \bar{X}_{ij}|} \tag{7.16}$$

式中，ξ_{ij} 为 $\bar{X}_{0j}$ 和 $\bar{X}_{ij}$ 的关联系数；ρ 为分辨系数，满足 $0 \leqslant \rho \leqslant 1$，一般可取 0.5。

第 j 项评价指标对应的关联度为：

$$\xi_j = \frac{1}{n} \sum_{i=1}^{n} \xi_{ij} \tag{7.17}$$

各评价指标权重为:

$$\omega_j = \frac{\xi_j}{\sum\limits_{j=1}^{m} \xi_j} \tag{7.18}$$

7.1.4　直觉模糊层次分析法

直觉模糊层次分析法是一种将直觉模糊集和层次分析法有效结合的评价方法,其优点在于将直觉模糊集中隶属度、非隶属度及犹豫度思想引入到层次分析法中,有效地解决了某些不能肯定的问题,使得评判的结论更加符合专家的预期判断。

7.1.4.1　直觉模糊层次分析法背景

(1) 直觉模糊集

定义 1[11]:假设 X 是一个非空集合,则将 $B = \{\langle x, \mu_B(x) \rangle \mid x \in X\}$ 称为模糊集,其中 μ_B 属于模糊集 B 的隶属函数,若 $\mu_B : X \rightarrow [0,1]$,则 $\mu_B(x)$ 为 X 的元素 x 同时属于 B 的隶属度,且 $\mu_B(x)$ 属于区间 $[0,1]$。

定义 2[12]:假设 X 是一个非空集合,则将 $B = \{\langle x, \mu_B(x), \upsilon_B(x) \rangle \mid x \in X\}$ 称为直觉模糊集,其中 $\upsilon_B(x)$ 和 $\mu_B(x)$ 分别是 X 的元素 x 同时属于 B 的非隶属度和隶属度,且满足以下定理:

① $0 \leqslant \mu_B \leqslant 1, x \in X$;

② $0 \leqslant \upsilon_B \leqslant 1, x \notin X$;

③ $0 \leqslant \beta_B + \upsilon_B \leqslant 1, x \in X$。

④ $\pi_B(x) = 1 - \mu_B(x) - \upsilon_B(x), x \in X$ 表示为 X 中元素 x 属于 B 的犹豫度。

这里令 α 为直觉模糊数,则有 $\alpha = (\mu_B, \upsilon_B)$;$h(\alpha)$ 称为精确函数,$h(\alpha) = \mu(\alpha) + \upsilon(\alpha)$,$h(\alpha)$ 的数值越大,则说明直觉模糊数 α 的精确度越高。

(2) 直觉模糊数间的运算法则

假设 X 是一个非空集合,$B = \{\langle x, \mu_B(x), \upsilon_B(x) \rangle \mid x \in X\}$,则称 $B_1 = \{\langle x, \mu_{B_2}(x), \upsilon_{B_2}(x) \rangle \mid x \in X\}$ 和 $B_2 = \{\langle x, \mu_{B_2}(x), \upsilon_{B_2}(x) \rangle \mid x \in X\}$ 为直觉模糊集,则有下列关系:

① $B_1 \bigcap B_2 = \{\langle x, \min[\mu_{B_1}(x), \mu_{B_2}(x)], \max[\upsilon_{B_1}(x), \upsilon_{B_2}(x)] \rangle \mid x \in X\}$

② $B_1 \bigcap B_2 = \{\langle x, \max[\mu_{B_1}(x), \mu_{B_2}(x)], \min\{\upsilon_{B_1}(x), \upsilon_{B_2}(x)]\rangle \mid x \in X\}$

③ $B_1 + B_2 = \{\langle x, \mu_{B_1}(x) + \mu_{B_2}(x) - \mu_{B_1}(x)\mu_{B_2}(x), \upsilon_{B_1}(x)\upsilon_{B_2}(x) \rangle \mid x \in X\}$

④ $B_1 \cdot B_2 = \{\langle x, \mu_{B_1}(x)\mu_{B_2}(x), \upsilon_{B_1}(x) + \upsilon_{B_2}(x) - \upsilon_{B_1}(x)\upsilon_{B_2}(x) \rangle \mid x \in X\}$

(3) 直觉模糊集成算子

定义 3[13]:假设 $\alpha_i = (\mu_{a_i}, \upsilon_{a_i})$ 为一列直觉模糊数,$\boldsymbol{\omega} = (\omega_1, \omega_2, \cdots, \omega_n)^{\mathrm{T}}$ 属于直觉模糊数的权重向量,$\sum\limits_{i=1}^{m} \omega_i = 1, \omega_i \in [0,1]$,直觉模糊数加权平均算子可以如下定义:
$\mathrm{IFWA}_\omega(\alpha_1, \alpha_2, \cdots, \alpha_m) = \{\omega_1\alpha_1, \omega_2\alpha_2, \cdots, \omega_m\alpha_m\}$。

定义 4[13]:假设 $\alpha_i = (\mu_{a_i}, \upsilon_{a_i})$ 为一列直觉模糊数,$\boldsymbol{\omega} = (\omega_1, \omega_2, \cdots, \omega_n)^{\mathrm{T}}$ 属于直觉模糊数的权重向量,$\sum\limits_{i=1}^{m} \omega_i = 1, \omega_i \in [0,1]$,直觉模糊数加权几何算子可以有如下定义:
$\mathrm{IFWA}_\omega(\alpha_1, \alpha_2, \cdots, \alpha_m) = \{\alpha_1^{\omega_1}, \alpha_2^{\omega_2}, \cdots, \alpha_m^{\omega_m}\}$。

7.1.4.2　直觉模糊层次分析法步骤

（1）直觉模糊判断矩阵构建

选定影响离层水突涌的评价指标后可构建出相应的评价指标体系。再邀请本领域的专家对同一个指标层的指标进行两两比较，得到各评价指标的相对重要程度[14]。这里对指标的相对重要程度进行定量分析，给出如下的参考值（表 7.3）。

表 7.3　评价等级和对应的参考值

评价等级	参考值
指标 i 比指标 j 极端重要	0.9
指标 i 比指标 j 强烈重要	0.8
指标 i 比指标 j 明显重要	0.7
指标 i 比指标 j 稍微重要	0.6
指标 i 比指标 j 同等重要	0.5
指标 j 比指标 i 稍微重要	0.4
指标 j 比指标 i 明显重要	0.3
指标 j 比指标 i 强烈重要	0.2
指标 j 比指标 i 极端重要	0.1

由上述的相对重要程度参考值得出直觉模糊数，进而构建出直觉模糊判断矩阵（需要说明的是，$\mu_{ij} - \upsilon_{ij} \in [0,1]$）：

$$\boldsymbol{R} = (r_{ij})_{n\times n} = (\mu_{ij}, \upsilon_{ij})_{n\times n} = \begin{bmatrix} (\mu_{11}, \upsilon_{11}) & (\mu_{12}, \upsilon_{12}) & \cdots & (\mu_{1n}, \upsilon_{1n}) \\ (\mu_{21}, \upsilon_{21}) & (\mu_{22}, \upsilon_{22}) & \cdots & (\mu_{2n}, \upsilon_{2n}) \\ \vdots & \vdots & \ddots & \vdots \\ (\mu_{n1}, \upsilon_{n1}) & (\mu_{n2}, \upsilon_{n2}) & \cdots & (\mu_{nn}, \upsilon_{nn}) \end{bmatrix} \tag{7.19}$$

式中，n 指评价指标数量；μ_{ij} 指直觉模糊数的隶属度，具体为指标 i 比指标 j 重要的程度；υ_{ij} 指直觉模糊数的非隶属度，具体为指标 j 比指标 i 重要的程度；$1 - \mu_{ij} - \upsilon_{ij}$ 指专家对两指标比较情况的犹豫程度，这里记为 π_{ij}。

（2）一致性检验及修正

为了进一步分析各评价指标重要程度的协调相容性，对构建的直觉模糊判断矩阵进行一致性检验，以便得出更合理的指标权重[15]。具体步骤如下。

① 通过直觉模糊判断矩阵 $\boldsymbol{R}$ 构建直觉模糊一致性判断矩阵 $\overline{\boldsymbol{R}} = (\overline{r}_{ij})_{n\times n}$。

当 $j > i+1$ 时，$\overline{r}_{ij} = (\overline{\mu}_{ij}, \overline{\upsilon}_{ij})$，公式为：

$$\overline{\mu}_{ij} = \frac{\sqrt[j-i-1]{\prod_{t=i+1}^{j-1} \mu_{it}\mu_{tj}}}{\sqrt[j-i-1]{\prod_{t=i+1}^{j-1} \mu_{it}\mu_{tj}} + \sqrt[j-i-1]{\prod_{t=i+1}^{j-1} (1-\mu_{it})(1-\mu_{tj})}} \tag{7.20}$$

$$\bar{\upsilon}_{ij} = \frac{\sqrt[j-i-1]{\prod_{t=i+1}^{j-1} \upsilon_{it}\upsilon_{tj}}}{\sqrt[j-i-1]{\prod_{t=i+1}^{j-1} \upsilon_{it}\upsilon_{tj}} + \sqrt[j-i-1]{\prod_{t=i+1}^{j-1} (1-\upsilon_{it})(1-\upsilon_{tj})}} \tag{7.21}$$

当 $j = i+1$ 或者 $j = i$ 时,有 $\bar{r}_{ij} = r_{ij} = (\mu_{ij}, \upsilon_{ij})$;

当 $j < i$ 时,$\bar{r}_{ij} = (\bar{\mu}_{ij}, \bar{\upsilon}_{ij})$,公式为:

$$\bar{\mu}_{ij} = \frac{\sqrt[i-j]{\prod_{t=j}^{i-1} \mu_{tj}\mu_{it}}}{\sqrt[i-j]{\prod_{t=j}^{i-1} \mu_{tj}\mu_{it}} + \sqrt[i-j]{\prod_{t=j}^{i-1} (1-\mu_{tj})(1-\mu_{it})}} \tag{7.22}$$

$$\bar{\upsilon}_{ij} = \frac{\sqrt[i-j]{\prod_{t=j}^{i-1} \upsilon_{tj}\upsilon_{it}}}{\sqrt[i-j]{\prod_{t=j}^{i-1} \upsilon_{tj}\upsilon_{it}} + \sqrt[i-j]{\prod_{t=j}^{i-1} (1-\upsilon_{tj})(1-\upsilon_{it})}} \tag{7.23}$$

② 定义一致性阈值系数 Γ,并进行距离测度比较。若 $\boldsymbol{R}$ 和 $\bar{R}$ 的距离测度 $d\langle \boldsymbol{R}, \bar{R}\rangle < \Gamma$,则直觉模糊判断矩阵 $\boldsymbol{R}$ 符合一致性检验规则。$\boldsymbol{R}$ 和 $\bar{R}$ 的距离测度为:

$$d\langle \boldsymbol{R}, \bar{R}\rangle = \frac{1}{2(n-1)(n-2)} \sum_{i=1}^{n} \sum_{j=1}^{n} (|\bar{\mu}_{ij} - \mu_{ij}| + |\bar{\upsilon}_{ij} - \upsilon_{ij}| + |\bar{\pi}_{ij} - \pi_{ij}|) \tag{7.24}$$

若 $\boldsymbol{R}$ 和 $\bar{R}$ 的距离测度 $d\langle \boldsymbol{R}, \bar{R}\rangle > \Gamma$,则引入修正因子 $\delta \in [0,1]$,通过改变修正因子的取值来改变直觉模糊判断矩阵 $\boldsymbol{R}$,使之符合一致性检验规则。加入修正系数的直觉模糊判断矩阵 $\boldsymbol{R}'$ 为:

$$\boldsymbol{R}' = (r'_{ij})_{n\times n} = (\mu'_{ij}, \upsilon'_{ij})_{n\times n} \tag{7.25}$$

$$\mu'_{ij} = \frac{(\mu_{ij})^{1-\delta}(\bar{\mu}_{ij})^{\delta}}{(\mu_{ij})^{1-\delta}(\bar{\mu}_{ij})^{\delta} + (1-\mu_{ij})^{1-\delta}(1-\bar{\mu}_{ij})^{\delta}} \tag{7.26}$$

$$\upsilon'_{ij} = \frac{(\upsilon_{ij})^{1-\delta}(\bar{\upsilon}_{ij})^{\delta}}{(\upsilon_{ij})^{1-\delta}(\bar{\upsilon}_{ij})^{\delta} + (1-\upsilon_{ij})^{1-\delta}(1-\bar{\upsilon}_{ij})^{\delta}} \tag{7.27}$$

当 $\boldsymbol{R}$ 和 $\bar{R}$ 的距离测度 $d\langle \boldsymbol{R}, \bar{R}\rangle < \Gamma$ 时,$\boldsymbol{R}$ 满足一致性检验要求;若出现 $d\langle \boldsymbol{R}, \bar{R}\rangle > \Gamma$ 时,则持续调整修正因子(调整顺序为从大到小)直到最终的直觉模糊判断矩阵满足一致性检验要求。

③ 最终的权重确定。根据直觉模糊判断矩阵分别计算各指标的主观权重[16-17],其中直觉模糊权重为:

$$\omega''_j = \left[\frac{\sum_{i=1}^{n} \mu_{ij}}{\sum_{i=1}^{n} \sum_{j=1}^{n} (1-\upsilon_{ij})}, 1 - \frac{\sum_{i=1}^{n} (1-\upsilon_{ij})}{\sum_{i=1}^{n} \sum_{j=1}^{n} \upsilon_{ij}} \right] \tag{7.28}$$

计算各评价指标的实际权重,公式如下:

$$\Omega(j) = \mu''_j + \pi''_j \left(\frac{\mu''_j}{\mu''_j + \upsilon''_j} \right) \tag{7.29}$$

$$\omega_{1j} = \frac{\Omega(j)}{\sum\limits_{i=1}^{n} \Omega(j)} \tag{7.30}$$

式中,$\Omega(j)$ 指模糊转换函数,μ_j'' 表示直觉模糊权重 ω_j'' 的隶属度,υ_j'' 表示直觉模糊权重 ω_j'' 的非隶属度,π_j'' 表示直觉模糊权重 ω_j'' 的犹豫度,ω_{1j} 表示指标 j 的主观权重。

7.1.5　变异系数法

变异系数法的原理是运用各项指标所包含的信息计算得到各项指标的权重值。其主要思路为,评价指标的参数相差越大,代表该指标越难以实现,更能反映被评价对象的差距。权重计算过程如下[18-19]:

（1）计算评价指标的标准差。

$$\bar{r}_i = \frac{\sum\limits_{j=1}^{n} r_{ij}}{n} \tag{7.31}$$

$$\sigma_i = \sqrt{\frac{1}{n-1} \sum\limits_{j=1}^{n} (r_{ij} - \bar{r}_i)^2} \quad (i = 1, 2, \cdots, n) \tag{7.32}$$

式中,$\bar{r}_i$ 为各评价指标的平均值,σ_i 为各评价指标的标准差。

（2）确定变异系数。

$$\upsilon_i = \frac{\sigma_i}{r_i} \tag{7.33}$$

（3）各项评价指标权重计算。

$$\omega_i = \frac{\upsilon_i}{\sum\limits_{i=1}^{m} \upsilon_i} \tag{7.34}$$

式中,$0 \leqslant \omega_i \leqslant 1, \sum\limits_{i=1}^{m} \omega_i = 1$。

7.1.6　粗糙集方法

粗糙集(RS)理论是一种研究不完整、不确定知识和数据的表达、学习、归纳的理论方法。它可从大量的数据中挖掘潜在的、有利用价值的知识,减少了冗余知识给计算和分类带来的不必要的工作量。

在粗糙集理论中,信息表是对知识进行表达和处理的基本工具。一般地,一个信息表的知识表达系统 S 可表示为[20]:

$$S = (U, A, V, f) \tag{7.35}$$

式中,U 是对象的集合,也称为论域;$A = C \bigcup D$ 且 $C \bigcap D = \varnothing$,其中 C 为条件属性集,D 为决策属性集;$V = U_{a \in A} V_a$,是属性值的集合,其中 V_a 表示属性 $a \in A$ 的属性值范围,即属性 a 的值域;$f: U \times A \rightarrow V$ 是一个信息函数,它指定 U 中每一个对象 x 的属性值。

决策表即具有条件属性和决策属性的知识表达系统。知识库中的知识并不是同等重要的,有些知识可以由其他知识导出。对于知识库 $K = (U, A)$ 且有 P、Q 属于 A,当不可区分关系 $\mathrm{ind}(P)$ 属于 $\mathrm{ind}(Q)$ 时,则称知识 Q 依赖知识 P。知识 Q 对 P 的依赖定义可表示为[21]:

$$\gamma_p(Q) = \frac{\text{card}(\text{POS}_p(Q))}{\text{card}(U)} \tag{7.36}$$

$$\text{POS}_p(Q) = \bigcup \{Y_n \subseteq E_t\} \tag{7.37}$$

式中，card 表示集合的基数；$\text{PDS}_p(Q)$ 表示集合 P 在 $U/\text{ind}(Q)$ 中的正区域；Y_n 和 E_t 分别表示 U/P 和 U/Q 的基本集。

在决策表中，当去掉属性集 C 中的某一个属性 C_i 后，决策表分类变化较大，说明去掉的属性的重要度较高；反之，说明重要度较低。利用属性依赖度的差值定义了属性重要度的概念：

$$\sigma_{CD}(C_i) = \gamma_C(D) - \gamma_{C-C_i}(D) \tag{7.38}$$

式(7.38)表示当从集合 C 去掉属性子集 C_i 后，分类 U/C 的正域受到怎样的影响。$0 \leqslant \sigma_{CD}(C_i) \leqslant 1$，$\sigma_{CD}(C_i)$ 越大，则属性 C_i 为冗余属性，可以去掉。

对每个属性的重要性进行归一化处理，得到各属性的权重 W_i[22]：

$$W_i = \frac{\sigma_{CD}(C_i)}{\sum \sigma_{CD}(C_i)} \tag{7.39}$$

这里仅仅介绍了一些常见的权重方法，另外还有 CRITIC 评价法、序关系分析法、反熵权法、模糊综合评价法等等，这里不作一一介绍。当然，上述介绍的权重方法，也可根据工程实践的需要对其理论进行改进，从而得到理想的结论。

7.2 常见组合权重方法

总地来说，确定权重的方法主要分为两类：主观权重法和客观权重法。主观权重法主要取决于评价者对某事物的个人认知、经验等主观信息，结果有时会出现略微的偏差；客观权重法就是通过对搜集的实际资料进行信息筛选，借助数学方法计算得出权重，但是数据可能出现误差，会与实际情况存在一些差异。

7.2.1 最小信息熵

为了使最终得出的权重分配地更为合理，本书依据最小信息熵原理，采用将主观权重法和客观权重法相结合的方式以确定最终的综合权重[23-24]。计算过程如下：

$$\min Z = \sum_{j=1}^{n} \omega_j (\ln \omega_j - \ln \omega_{1j}) + \sum_{j=1}^{n} \omega_j (\ln \omega_j - \ln \xi_j) \tag{7.40}$$

$$\omega_j = \frac{(\omega_{1j} \times \xi_j)^{\frac{1}{2}}}{\sum_{j=1}^{n} (\omega_{1j} \times \xi_j)^{\frac{1}{2}}} \tag{7.41}$$

$$\sum_{j=1}^{n} \omega_j = 1 \quad (\omega_j > 0) \tag{7.42}$$

式中，ω_j 表示组合权重，ω_{1j} 表示主观权重，ξ_j 表示客观权重。

7.2.2 乘积法

乘积法作为最简单、计算最简洁的组合权重法，广泛应用于农业、食品、水利等领域，其计算过程如下：

$$W_j = \frac{\omega_{1j} \times \omega_{2j}}{\sum\limits_{j=1}^{m} \omega_{1j} \times \omega_{2j}} \tag{7.43}$$

式中，ω_{1j} 表示主观权重法第 j 个评价指标的权重，ω_{2j} 表示客观权重法第 j 个评价指标的权重，W_j 表示组合权重法第 j 个评价指标的权重。

7.2.3　线性功效系数法

线性功效系数法将主观权重和客观权重进行组合，经线性加权后得到综合权重。计算过程如下：

$$\phi(\omega_1, \omega_2) = \frac{1}{2} \sum_{i=1}^{n} (\omega_{1i} - \omega_{2i})^2 \tag{7.44}$$

$$\phi^2(\omega_1, \omega_2) = (\alpha - \beta)^2 \tag{7.45}$$

$$\alpha + \beta = 1 \tag{7.46}$$

$$\omega_c = \alpha\omega_{1i} + \beta\omega_{2i} \tag{7.47}$$

式中，ω_1、ω_2 表示主、客观权重向量，i 表示评价指标数量，α、β 表示主、客观权重分配系数，ω_c 表示综合权重向量。

7.2.4　博弈论组合法

用 z 种不同的权重方法对评价指标进行赋权，构造出评价指标基本的权重向量集 $u_k = \{u_{k1}, u_{k2}, \cdots, u_{kn}\}(k=1,2,\cdots,z)$，即 z 种线性组合为[25-26]：

$$u = \sum_{k=1}^{z} \alpha_k u_k^{\mathrm{T}} \quad \left(\alpha_k > 0, \sum_{k=1}^{z} \alpha_k = 1\right) \tag{7.48}$$

式中，u 为评价指标权重集的一种可能的权重向量，α_k 为线性组合系数。

为使 u 和各个分量 u_k 的离差极小化，即

$$\min \left\| \sum_{j=1}^{z} \alpha_j u_k^{\mathrm{T}} - u_k \right\|^2 \quad (k=1,2,\cdots,z) \tag{7.49}$$

可将上式的最优化一阶导数条件转化为如下方程组：

$$\begin{bmatrix} u_1 \cdot u_1^{\mathrm{T}} & u_1 \cdot u_2^{\mathrm{T}} & \cdots & u_1 \cdot u_z^{\mathrm{T}} \\ u_2 \cdot u_1^{\mathrm{T}} & u_2 \cdot u_2^{\mathrm{T}} & \cdots & u_2 \cdot u_z^{\mathrm{T}} \\ \vdots & \vdots & \ddots & \vdots \\ u_z \cdot u_1^{\mathrm{T}} & u_z \cdot u_2^{\mathrm{T}} & \cdots & u_z \cdot u_z^{\mathrm{T}} \end{bmatrix} \times \begin{bmatrix} \alpha_1 \\ \alpha_2 \\ \vdots \\ \alpha_z \end{bmatrix} = \begin{bmatrix} u_1 \cdot u_1^{\mathrm{T}} \\ u_2 \cdot u_2^{\mathrm{T}} \\ \vdots \\ u_z \cdot u_z^{\mathrm{T}} \end{bmatrix} \tag{7.50}$$

根据式(7.50)分别求出 $(\alpha_1, \alpha_2, \cdots, \alpha_z)$，然后进行归一化处理：

$$\bar{\alpha}_k = \frac{|\alpha_k|}{\sum\limits_{k=1}^{z} |\alpha_k|} \tag{7.51}$$

综合权重向量为：

$$\varGamma = \sum_{k=1}^{z} \bar{\alpha}_k u_k^{\mathrm{T}} \tag{7.52}$$

7.3　集对分析-可变模糊集耦合理论

7.3.1　基本概念和理论

7.3.1.1　集对分析(SPA)基本原理

1989 年,我国学者赵克勤基于不确定性问题的复杂性提出了集对分析法,将事物划分为一个确定不确定性系统,以同、异和反三个角度去解析系统的内在关系,主要工具为联系数[27-29]。目前,集对分析理论已经在数学、物理、智能科学、水利、生态学、水文学等众多领域得到广泛应用,但仍在发展之中。在水文水资源、地下水这个大系统中[30-32],许多事物或概念并不是单独存在,而是成对出现的,可按照特定的研究目的进行适当的集队组合,如稳定与非稳定,安全和危险,洪涝和干旱等;而集对分析在此方面可识别、处理系统结构特征的各种不确定性问题,对解决工程问题起到了很好的指导作用,也推动了水资源、地下工程集对分析理论的应用和发展[33-35]。

7.3.1.2　联系度和联系数

集对分析就是把系统中两个存在相关性的事物 Q、W 组合成一个集对,通常定义为 $H(Q,W)$,再通过引入联系度这个概念来描述不确定性,进而将该问题转变为便于理解的数学计算过程。其基本研究过程为:初步设定一个工程问题,在该问题的框架下讨论两个集合的特性并对该特性进行同、异、反分析,进而得出它们联系度的数学表达式,以用于预测或评价。

设讨论域 U 上的两个集合 Q 和 W 的特性总数为 N,则 $Q=(q_1,q_2,\cdots,q_n)$,$W=(x_1,x_2,\cdots,x_n)$。Q 和 W 构成的集合记为 $H(Q,W)$,其联系度函数为:

$$\mu = \frac{S}{N} + \frac{F}{N}i + \frac{P}{N}j \tag{7.53}$$

式中,μ 表示为 $H(Q,W)$ 的联系度;S 表示集合 Q 和 W 共有部分,即同一性个数;P 表示集合 Q 和 W 对立部分,即对立性个数;F 表示集合 Q 和 W 的剩余部分,即差异性个数,且满足 $S+F+P=N$;

i 表示差异度系数指标,在 $[-1,1]$ 之间取值;

j 表示对立度系数指标,一般取值为 -1。

记 $a=\dfrac{S}{N}$,$b=\dfrac{F}{N}$,$c=\dfrac{P}{N}$。则式(7.53)又可转化为:

$$\mu = a + bi + cj \tag{7.54}$$

式中,a 表示集合 Q 和 W 对于事物某一属性相同性质的程度,称为集合的同一度,$a \in [0,1]$;b 表示集合 Q 和 W 对于事物某一属性不相同又不相反性质的程度,称为集合的差异度,$b \in [0,1]$;c 表示集合 Q 和 W 对于事物某一属性相反性质的程度,称为集合的对立度,$c \in [0,1]$,且其满足 $a+b+c=1$。

当 a、b 和 c 各自越接近于 1 时,表示集合某一属性的关系越倾向于这种性质。bi 表示了系统中相对不确定属性部分,主要用于描述事物的随机性、模糊性、未确知性、交叉及融合不确定性等信息。

式(7.53)和式(7.54)是常用的三元联系度,然而某些问题在实际分析过程中受多种因素影响,现有的三元联系度不能有效解决问题,故须进行进一步的拓展,形成多元联系度。

① 将 bi 进一步拓展为 $bi = b_1 i_1 + b_2 i_2 + b_3 i_3 + \cdots + b_k i_k$,可得到如下公式:

$$\mu = a + b_1 i_1 + b_2 i_2 + b_3 i_3 + \cdots + b_k i_k + cj \tag{7.55}$$

② 将 cj 进一步拓展为 $cj = c_1 j_1 + c_2 j_2 + c_3 j_3 + \cdots + c_t j_t$,可得到如下公式:

$$\mu = a + bi + c_1 j_1 + c_2 j_2 + c_3 j_3 + \cdots + c_t j_t \tag{7.56}$$

③ 对 bi 和 cj 分别进行扩展后,有 $bi = b_1 i_1 + b_2 i_2 + b_3 i_3 + \cdots + b_m i_m$ 和 $cj = c_1 j_1 + c_2 j_2 + c_3 j_3 + \cdots + c_n j_n$,可到如下公式:

$$\mu = a + b_1 i_1 + b_2 i_2 + b_3 i_3 + \cdots + b_m i_m + c_1 j_1 + c_2 j_2 + c_3 j_3 + \cdots + c_n j_n \tag{7.57}$$

式中,① $a + b_1 + b_2 + b_3 + \cdots + b_k + c = 1$,$b_1, \cdots, b_k$ 代表差异度分量,$i_1, \cdots, i_k$ 代表差异不确定分量系数;② $a + b + c_1 + c_2 + c_3 + \cdots + c_t = 1$,$c_1, \cdots, c_t$ 代表对立度分量,$j_1, \cdots, j_t$ 代表对立不确定分量系数;③ $a + b_1 + b_2 + b_3 + \cdots + b_m + c_1 + c_2 + c_3 + \cdots + c_n = 1$,$b_1, \cdots, b_m$ 代表差异度分量,$i_1, \cdots, i_m$ 代表差异不确定分量系数,$c_1, \cdots, c_n$ 代表对立度分量,$j_1, \cdots, j_n$ 代表对立不确定分量系数。

联系度的表达式虽然简单,但通过 a、b 和 c 定量表示出了集合 Q 和 W 在不确定性系统里的内部结构关系。联系度能够直观地显示集对关系中的整体结构和局部结构,定量分析了某一属性的三种甚至多种特征,表征了一个综合不确定性;研究对象的信息量、认识角度和处理方法的差异会导致出现不同的联系度,进而能够动态反映出集对系统中复杂的综合关系。因此,联系度突破了以相关系数、隶属度和灰色关联度单一指标来表征关系的框架,可以其独特的方式解决不确定性问题。

7.3.1.3　集对分析的特点

(1)集对分析主要针对复杂事物的某一属性进行同、异、反分析,借助联系度和联系数对具体问题的某些参数根据需要进行定量或者定性分析,是解决不确定性问题的一种可靠方法。

(2)集对分析建立在对立统一和普遍联系的哲学观点之上,依靠联系度和联系数描述事物的内在结构和关系,能够全面系统地分析事物某个属性的不确定性,同时可通过动态变化来描述其演变过程。总而言之,集对分析的概念清晰,原理简明易懂,计算简单合理,便于大众理解。

(3)集对分析是一种综合集成的数学分析方法,可以灵活应用于不同背景下,内容形式可以多种多样,是建立在具体分析之上的一种更能深层次分析的方法。

(4)集对分析一经问世,以其独特的分析方法有效地解决了很多不确定性问题,并且其具有较好的兼容性,能够与其他不确定性理论进行融合,这些促使集对分析方法不断被创新和完善。

7.3.1.4　可变模糊集理论(VFS)

2008 年,陈守煜基于其工程模糊集理论创立了可变模糊集理论,主要用来分析系统中模糊事物和现象的相对性和动态可变性,是将模糊聚类、识别和优选结合在一起的理论模型模糊集。可变模糊集理论主要包括对立模糊集、相对差异度和可变模糊集。

(1)对立模糊集

设在讨论域 U 中,以 B 表示模糊概念,对于 U 中的任意元素 u 在相对隶属函数连续数轴上的任意一点,以 B、B^c 表示对立的吸引性质和排斥性质。在连续区间$[0,1]$对 B 和 B^c 的任意点上,表示吸引性质 B 的相对隶属度为 $\mu_B(u)$,表示排斥性质 B^c 的相对隶属度为 $\mu_{B^c}(\mu)$。令

$$\overline{B} = \{u, \mu_B(u), \mu_{B^c}(u) \mid u \in U\} \tag{7.58}$$

满足

$$\mu_B(u) + \mu_{B^c}(u) = 1 \tag{7.59}$$

且 $0 \leqslant \mu_B(u) \leqslant 1, 0 \leqslant \mu_{B^c}(u) \leqslant 1$,则称 $\overline{B}$ 为 U 的对立模糊集。

（2）相对差异度

假设 $D_B(u)$ 为 u 对 B 的相对差异度,且与 $\mu_B(u)$、$\mu_{B^c}(u)$ 均属于$[0,1]$的集合。则：

$$D_B(u) = \mu_B(u) - \mu_{B^c}(u) \tag{7.60}$$

当 $\mu_B(u) < \mu_{B^c}(u)$ 时,则有：

$$-1 \leqslant D_B(u) < 0 \tag{7.61}$$

当 $\mu_B(u) = \mu_{B^c}(u)$ 时,则有：

$$D_B(u) = 0 \tag{7.62}$$

当 $\mu_B(u) > \mu_{B^c}(u)$ 时,则有：

$$0 < D_B(u) \leqslant 1 \tag{7.63}$$

（3）可变模糊集

设在讨论域 U 中以 B 表示模糊概念,对于 U 上的任意元素 u 在相对隶属函数连续数轴上的任意一点,以 B、B^c 表示对立的吸引性质和排斥性质,表示吸引性质 B 的相对隶属度为 $\mu_B(u)$,表示排斥性质 B^c 的相对隶属度为 $\mu_{B^c}(\mu)$,满足式(7.58)和式(7.59),则令

$$V = \{(u, D) \mid u \in U, D_B(u) = \mu_B(u) - \mu_{B^c}(u), D \in [-1, 1]\} \tag{7.64}$$

则称 V 为 U 的可变模糊集。设

$$B_- = \{u \mid u \in U, -1 \leqslant D_B(u) < 0\} \tag{7.65}$$

$$B_0 = \{u \mid u \in U, D_B(u) = 0\} \tag{7.66}$$

$$B_+ = \{u \mid u \in U, 0 < D_B(u) \leqslant 1\} \tag{7.67}$$

$$B_* = \{u \mid u \in U, D_B(u) = -1, D_B(u) = 1\} \tag{7.68}$$

式中,B_-、B_0、B_+、B_* 分别表示可变模糊集 V 的排斥域、渐变式质变界、吸引域和突变式质变界。

7.3.2 基于 SPA-VFS 耦合评价法

本书将集对分析理论与可变模糊集理论相结合,借助集对分析的联系度作为可变模糊集的相对差异度,构建集对分析和可变模糊集耦合的评价模型,这样能够减少信息的丢失,使得评价结果更为科学有效[36-40]。

评价方法的步骤如下。

（1）评价指标的选取以及评价等级标准的建立。将影响离层水突涌的各影响因素评价指标整理到一个集合 Q 中,依据其评价值建立各指标评价标准 W,进而构建一个集合 $B = (Q, W)$。其中：

$$Q = (q_{11}, q_{21}, \cdots, q_{m1}, q_{12}, q_{22}, \cdots, q_{m2}, \cdots, q_{1n}, q_{2n}, \cdots, q_{mn}) \tag{7.69}$$

$$W = (x_{01}, x_{02}, \cdots, x_{0n}, x_{11}, x_{12}, \cdots, x_{1n}, \cdots, x_{m1}, x_{m2}, \cdots, x_{mn}) \tag{7.70}$$

式中，q_{mn} 表示第 n 个指标下的第 m 个评价值，x_{mn} 表示第 n 个评价指标对应的评价标准界限值。

（2）本书具有 5 个评价等级，需要将三元联系度扩展。将集对分析中的差异度分为优异和劣异，即 $b = b_1 + b_2$；将对立度分为优反和劣反，即 $c = c_1 + c_2$。得到的多元联系度公式如下：

$$\begin{aligned} \mu &= a + (b_1 + b_2)i + (c_1 + c_2)j \\ &= a + b_1 i_1 + b_2 i_2 + c_1 j_1 + c_2 j_2 \end{aligned} \tag{7.71}$$

式中，$a + b_1 + b_2 + c_1 + c_2 = 1$，$i_1 \in [-1, 0]$，$i_2 \in [-1, 0]$，$j_1 = \{0, 1\}$，$j_2 = 1$。

根据式(7.69)可知，① 当指标评价值 q_n 位于第三等级的区间时，说明该指标参数具有同一性，即 $a = 1$，$b_1 = b_2 = c_1 = c_2 = 0$。② 当指标评价值 q_n 位于第三等级的两侧区间时，此时指标评价值分为优异和劣异，优异一侧的值记为 b_1，且 q_n 越接近第三等级区间，a 值越大，b_1 值越小；劣异一侧的值记为 b_2，q_n 越远离第三等级区间，则 a 值越小，b_2 值越大。③ 当评价指标值 q_n 位于第一和第五等级范围时，指标评价值分为优反和劣反，趋向优反一侧记为 c_1，且越靠近第三等级，a 和 b_1 变大，c_1 变小；另一侧的劣反记为 c_2，a 和 b_2 越大，则 c_2 越小。

本书结合模型实际情况，同时综合考虑差异度系数和对立度系数的均分原则，取 $i_1 = 0.5$，$i_2 = -0.5$，参考系数特殊取值法，使 $j_1 = 0$，$j_2 = -1$。

当评价指标属于越小越优型（负向指标）时，指标评价值越小，危害性越低。相关公式如下所示：

$$\mu_{1n} = \begin{cases} 1 & q_n \in [x_{0n}, x_{1n}) \\ \dfrac{x_{1n}}{q_n} - \dfrac{q_n - x_{1n}}{2q_n} & q_n \in [x_{1n}, x_{2n}) \\ \dfrac{x_{1n}}{q_n} - \dfrac{x_{2n} - x_{1n}}{2q_n} - \dfrac{q_n - x_{2n}}{q_n} & q_n \in [x_{2n}, x_{5n}) \end{cases} \tag{7.72}$$

$$\mu_{2n} = \begin{cases} \dfrac{x_{2n} - x_{1n}}{x_{2n} - q_n} + \dfrac{x_{1n} - q_n}{2(x_{2n} - q_n)} & q_n \in [x_{0n}, x_{1n}) \\ 1 & q_n \in [x_{1n}, x_{2n}) \\ \dfrac{x_{2n} - x_{1n}}{q_n - x_{1n}} - \dfrac{q_n - x_{2n}}{2(q_n - x_{1n})} & q_n \in [x_{2n}, x_{3n}) \\ \dfrac{x_{2n} - x_{1n}}{q_n - x_{1n}} - \dfrac{x_{3n} - x_{2n}}{2(q_n - x_{1n})} - \dfrac{q_n - x_{3n}}{q_n - x_{1n}} & q_n \in [x_{3n}, x_{5n}) \end{cases} \tag{7.73}$$

$$\mu_{3n} = \begin{cases} \dfrac{x_{3n} - x_{2n}}{x_{3n} - q_n} + \dfrac{x_{2n} - x_{1n}}{2(x_{3n} - q_n)} & q_n \in [x_{0n}, x_{1n}) \\ \dfrac{x_{3n} - x_{2n}}{x_{3n} - q_n} + \dfrac{x_{2n} - q_n}{2(x_{3n} - q_n)} & q_n \in [x_{1n}, x_{2n}) \\ 1 & q_n \in [x_{2n}, x_{3n}) \\ \dfrac{x_{3n} - x_{2n}}{q_n - x_{2n}} - \dfrac{q_n - x_{3n}}{2(q_n - x_{2n})} & q_n \in [x_{3n}, x_{4n}) \\ \dfrac{x_{3n} - x_{2n}}{q_n - x_{2n}} - \dfrac{x_{4n} - x_{3n}}{2(q_n - x_{2n})} - \dfrac{q_n - x_{4n}}{q_n - x_{3n}} & q_n \in [x_{4n}, x_{5n}) \end{cases} \tag{7.74}$$

$$\mu_{4n}=\begin{cases}\dfrac{x_{4n}-x_{3n}}{x_{4n}-q_n}+\dfrac{x_{3n}-x_{2n}}{2(x_{4n}-q_n)} & q_n\in[x_{0n},x_{2n})\\[2mm]\dfrac{x_{4n}-x_{3n}}{x_{4n}-q_n}+\dfrac{x_{3n}-q_n}{2(x_{4n}-q_n)} & q_n\in[x_{2n},x_{3n})\\[2mm]1 & q_n\in[x_{3n},x_{4n})\\[2mm]\dfrac{x_{4n}-x_{3n}}{q_n-x_{3n}}-\dfrac{q_n-x_{4n}}{2(q_n-x_{3n})} & q_n\in[x_{4n},x_{5n})\end{cases} \tag{7.75}$$

$$\mu_{5n}=\begin{cases}\dfrac{x_{5n}-x_{4n}}{x_{5n}-q_n}+\dfrac{x_{4n}-x_{3n}}{2(x_{5n}-q_n)} & q_n\in[x_{0n},x_{3n})\\[2mm]\dfrac{x_{5n}-x_{4n}}{x_{5n}-q_n}+\dfrac{x_{4n}-q_n}{2(x_{5n}-q_n)} & q_n\in[x_{3n},x_{4n})\\[2mm]1 & q_n\in[x_{4n},x_{5n})\end{cases} \tag{7.76}$$

当评价指标属于越大越优型（正向指标）时，指标评价值越大，危害性越低。相关公式如下所示：

$$\mu_{5n}=\begin{cases}1 & q_n\in[x_{5n},x_{4n})\\[2mm]\dfrac{x_{4n}}{q_n}-\dfrac{q_n-x_{4n}}{2q_n} & q_n\in[x_{4n},x_{3n})\\[2mm]\dfrac{x_{4n}}{q_n}-\dfrac{x_{3n}-x_{4n}}{2q_n}-\dfrac{q_n-x_{3n}}{q_n} & q_n\in[x_{3n},x_{0n})\end{cases} \tag{7.77}$$

$$\mu_{4n}=\begin{cases}\dfrac{x_{3n}-x_{4n}}{x_{3n}-q_n}+\dfrac{x_{4n}-q_n}{2(x_{3n}-q_n)} & q_n\in[x_{5n},x_{4n})\\[2mm]1 & q_n\in[x_{4n},x_{3n})\\[2mm]\dfrac{x_{3n}-x_{4n}}{q_n-x_{4n}}-\dfrac{q_n-x_{3n}}{2(q_n-x_{4n})} & q_n\in[x_{3n},x_{2n})\\[2mm]\dfrac{x_{3n}-x_{4n}}{q_n-x_{4n}}-\dfrac{x_{2n}-x_{3n}}{2(q_n-x_{4n})}-\dfrac{q_n-x_{2n}}{q_n-x_{4n}} & q_n\in[x_{2n},x_{0n})\end{cases} \tag{7.78}$$

$$\mu_{3n}=\begin{cases}\dfrac{x_{2n}-x_{3n}}{x_{2n}-q_n}+\dfrac{x_{3n}-x_{4n}}{2(x_{2n}-q_n)} & q_n\in[x_{5n},x_{4n})\\[2mm]\dfrac{x_{2n}-x_{3n}}{x_{2n}-q_n}+\dfrac{x_{3n}-q_n}{2(x_{2n}-q_n)} & q_n\in[x_{4n},x_{3n})\\[2mm]1 & q_n\in[x_{3n},x_{2n})\\[2mm]\dfrac{x_{2n}-x_{3n}}{q_n-x_{3n}}-\dfrac{q_n-x_{2n}}{2(q_n-x_{3n})} & q_n\in[x_{2n},x_{1n})\\[2mm]\dfrac{x_{2n}-x_{3n}}{q_n-x_{3n}}-\dfrac{x_{1n}-x_{2n}}{2(q_n-x_{3n})}-\dfrac{q_n-x_{1n}}{q_n-x_{3n}} & q_n\in[x_{1n},x_{0n})\end{cases} \tag{7.79}$$

$$\mu_{2n}=\begin{cases}\dfrac{x_{1n}-x_{2n}}{x_{1n}-q_n}+\dfrac{x_{2n}-x_{3n}}{2(x_{1n}-q_n)} & q_n\in[x_{5n},x_{3n})\\[3mm]\dfrac{x_{1n}-x_{2n}}{x_{1n}-q_n}+\dfrac{x_{2n}-q_n}{2(x_{1n}-q_n)} & q_n\in[x_{3n},x_{2n})\\[3mm]1 & q_n\in[x_{2n},x_{1n})\\[3mm]\dfrac{x_{1n}-x_{2n}}{q_n-x_{2n}}-\dfrac{q_n-x_{1n}}{2(q_n-x_{2n})} & q_n\in[x_{1n},x_{0n})\end{cases} \tag{7.80}$$

$$\mu_{1n}=\begin{cases}\dfrac{x_{0n}-x_{1n}}{x_{0n}-q_n}+\dfrac{x_{1n}-x_{2n}}{2(x_{0n}-q_n)} & q_n\in[x_{5n},x_{2n})\\[3mm]\dfrac{x_{0n}-x_{1n}}{x_{0n}-q_n}+\dfrac{x_{1n}-q_n}{2(x_{0n}-q_n)} & q_n\in[x_{2n},x_{1n})\\[3mm]1 & q_n\in[x_{1n},x_{0n})\end{cases} \tag{7.81}$$

式中，μ_{kn} 为第 n 个评价指标下的参数值与第 k 个评价等级的联系度。

（3）计算相对隶属度。利用前面已建立的可变模糊集相对差异度可求出属于模糊评价等级 k 的相对隶属度：

$$\xi_{kn}=\frac{1+\mu_{kn}}{2} \tag{7.82}$$

（4）确定各评价指标权重。本书先利用直觉模糊层次分析法求出各评价指标的主观权重，再利用熵权法计算出各评价指标的客观权重，最后基于合作博弈的组合权重确定各评价指标的最终权重。

（5）计算综合隶属度。

$$v_k=\frac{1}{1+\eta_k} \tag{7.83}$$

$$\eta_k=\left[\frac{\displaystyle\sum_{n=1}^{N}\big[\omega_n(1-\xi_{kn})\big]^p}{\displaystyle\sum_{n=1}^{N}(\omega_n\xi_{kn})^p}\right] \tag{7.84}$$

式中，d 代表优化准则参数，$d\in[0,1]$；$p=1$ 表示海明距离，$p=2$ 表示欧氏距离。D 和 p 构成四种参数组合，代表四种综合隶属度结果，它们分别是：① $d=1,p=1$；② $d=1,p=2$；③ $d=2,p=1$；④ $d=2,p=2$。

（6）确定级别特征值和评价等级。在四种参数组合下求出了四组综合隶属向量，然后对这四组综合隶属度向量进行归一化处理，进而求出任一评价等级下综合隶属度向量 $\boldsymbol{V}_k$：

$$\boldsymbol{V}_k=\frac{v_k}{\displaystyle\sum_{k=1}^{5}v_k} \tag{7.85}$$

式中，k 代表评价等级，$k=1,2,\cdots,5$。

最后，求出四种参数组合下的待评价离层水突涌危害性综合隶属度 $\boldsymbol{V}_k$，根据综合隶属度向量的最大值确定离层水突涌危害性的等级。

参 考 文 献

[1]　ZHANG W Q,WANG Z Y,SHAO J L,et al.Evaluation on the stability of vertical mine shafts below thick loose strata based on the comprehensive weight method and a fuzzy matter-element analysis model[J].Geofluids,2019,2019:3543957.

[2]　CHEN L W,FENG X Q,XU D Q,et al.Prediction of water inrush areas under an unconsolidated,confined aquifer:the application of multi-information superposition based on GIS and AHP in the Qidong coal mine,China[J].Mine water and the environment,2018,37(4):786-795.

[3]　XU J,FENG P,YANG P.Research of development strategy on China's rural drinking water supply based on SWOT-TOPSIS method combined with AHP-Entropy:a case in Hebei Province[J].Environmental earth sciences,2015,75(1):1-11.

[4]　SAHOO M M,PATRA K C,SWAIN J B,et al.Evaluation of water quality with application of Bayes' rule and entropy weight method[J].European journal of environmental and civil engineering,2017,21(6):730-752.

[5]　WANG Y H,WEN Z G,LI H F.Symbiotic technology assessment in iron and steel industry based on entropy TOPSIS method[J].Journal of cleaner production,2020,260:120900.

[6]　ALAFEEF M,FRAIWAN M,ALKHALAF H,et al.Shannon entropy and fuzzy C-means weighting for AI-based diagnosis of vertebral column diseases[J].Journal of ambient intelligence and humanized computing,2020,11(6):2557-2566.

[7]　LV H,GUAN X J,MENG Y.Comprehensive evaluation of urban flood-bearing risks based on combined compound fuzzy matter-element and entropy weight model[J].Natural hazards,2020,103(2):1823-1841.

[8]　DU Y B,ZHENG Y S,WU G A,et al.Decision-making method of heavy-duty machine tool remanufacturing based on AHP-entropy weight and extension theory [J].Journal of cleaner production,2020,252:119607.

[9]　张妹,刘启蒙,张宇通.基于改进灰色可拓关联法的煤层顶板砂岩富水性评价[J].矿业安全与环保,2018,45(5):64-68.

[10]　张文泉,赵凯,张贵彬,等.基于灰色关联度分析理论的底板破坏深度预测[J].煤炭学报,2015,40(增刊1):53-59.

[11]　ZHAO,KANG,GUO,et al.Gray relational analysis optimization for coalbed methane blocks in complex conditions based on a best worst and entropy method[J].Applied sciences,2019,9(23):5033.

[12]　高红云,王超,哈明虎.直觉模糊层次分析法[J].河北工程大学学报(自然科学版),2011,28(4):101-105.

[13]　王佳欢,贾冀南.基于直觉模糊层次分析法的P2P网贷个人信用风险评价研究[J].价值工程,2019,38(7):1-4.

[14]　徐泽水.直觉模糊信息集成理论及应用[M].北京:科学出版社,2008.

[15]　WANG Y Y,XU Z S.Evaluation of the human settlement in Lhasa with intuitionistic fuzzy analytic hierarchy process[J].International journal of fuzzy systems,2018,20(1): 29-44.

[16]　AMIRKHANI A,PAPAGEORGIOU E I,MOSAVI M R,et al.A novel medical decision support system based on fuzzy cognitive maps enhanced by intuitive and learning capabilities for modeling uncertainty[J].Applied mathematics and computation,2018,337:562-582.

[17]　XU Z S,LIAO H C.Intuitionistic fuzzy analytic hierarchy process[J].IEEE transactions on fuzzy systems,2014,22(4):749-761.

[18]　陈红光,李晓宁,李晨洋.基于变异系数熵权法的水资源系统恢复力评价:以黑龙江省 2007—2016 年水资源情况为例[J].生态经济,2021,37(1):179-184.

[19]　冯书顺,武强.基于 AHP-变异系数法综合赋权的含水层富水性研究[J].煤炭工程, 2016,48(增刊):138-140.

[20]　吴雨辰,周晗旭,车爱兰.基于粗糙集-神经网络的 IBURI 地震滑坡易发性研究[J].岩 石力学与工程学报,2021,40(6):1226-1235.

[21]　薛锋,胡萍,李青青.基于灰色-粗糙集的高速铁路运营统计指标体系构建[J].系统工 程,2021,39(4):115-125.

[22]　马邦闯,谭飞,焦玉勇,等.基于粗糙集与 AHP 的地下空间开发地质适宜性评价模型 构建方法研究[J].安全与环境工程,2020,27(6):153-159.

[23]　苏丽敏,宋艳红,何慧爽.考虑权重不确定性的变权重组合预测方法[J].统计与决策, 2019,35(11):60-63.

[24]　陈舞,张国华,王浩,等.基于粗糙集条件信息熵的山岭隧道坍塌风险评价[J].岩土力 学,2019,40(9):3549-3558.

[25]　董译萱,周洪文.基于博弈 TOPSIS 的高速公路交通安全评价模型[J].科学技术与工 程,2020,20(28):11789-11793.

[26]　张德彬,刘国东,王亮,等.基于博弈论组合赋权的 TOPSIS 模型在地下水水质评价中 的应用[J].长江科学院院报,2018,35(7):46-50.

[27]　任红岗,谭卓英.区间直觉模糊熵-集对分析-理想解耦合的多属性决策模型[J].控制 理论与应用,2020,37(1):176-186.

[28]　王甜甜,靳德武,刘基,等.动态权-集对分析模型在矿井突水水源识别中的应用[J].煤 炭学报,2019,44(9):2840-2850.

[29]　张旭,周绍武,林鹏,等.基于熵权-集对的边坡稳定性研究[J].岩石力学与工程学报, 2018,37(增刊):3400-3410.

[30]　鲁晓,董增川,张城,等.基于集对分析的水资源承载状态评价研究[J].人民黄河, 2020,42(11):53-57.

[31]　金菊良,沈时兴,崔毅,等.面向关系结构的水资源集对分析研究进展[J].水利学报, 2019,50(1):97-111.

[32]　郭燕红,邵东国,刘玉龙,等.工程建设效果后评价博弈论集对分析模型的建立与应用 [J].农业工程学报,2015,31(9):5-12.

[33] 贾晓珊,高扬.改进集对分析模型在公务航空运行控制风险评价中的应用[J].科学技术与工程,2020,20(26):10973-10978.

[34] 沈婕,梁忠民,王军.基于模糊集对分析的河湖水系连通风险评估[J].水力发电,2020, 46(11):1-5.

[35] 刁莉娟,姚建,艾怡凝.基于 SPA-TOPSIS 耦合的工业绿色发展综合评价[J].生态经济,2020,36(9):54-57.

[36] CHEN W,ZHANG G H,JIAO Y Y,et al.Unascertained measure-set pair analysis model of collapse risk evaluation in mountain tunnels and its engineering application[J].KSCE journal of civil engineering,2021,25(2):451-467.

[37] 韩承豪,魏久传,谢道雷,等.基于集对分析-可变模糊集耦合法的砂岩含水层富水性评价:以宁东矿区金家渠井田侏罗系直罗组含水层为例[J].煤炭学报,2020,45(7): 2432-2443.

[38] 程志友,刘荡荡,吴吉,等.基于集对分析与可变模糊集的电能质量综合评估[J].电网技术,2020,44(5):1950-1956.

[39] GUO E L,ZHANG J Q,REN X H,et al.Integrated risk assessment of flood disaster based on improved set pair analysis and the variable fuzzy set theory in central Liaoning Province,China[J].Natural hazards,2014,74(2):947-965.

[40] LI M,ZHENG T Y,ZHANG J,et al.A new risk assessment system based on set pair analysis-variable fuzzy sets for underground reservoirs[J].Water resources management,2019,33(15):4997-5014.

第8章　顶板离层水突涌危害性模型

8.1　模型准备

8.1.1　评价指标选取原则

离层水突涌危害性评价是复杂的系统工程,加之离层水突涌机理的复杂性,使得其影响因素非常多,不易评选。因此,选出科学有效的评价指标,将关系到整个模型评价结果的准确性。依据评价指标的普遍遵循原则,通过系统性、普遍性、科学性、特殊性和可量化性5个评价原则来分别进行阐述[1]。

系统性原则:进行指标选取时,应紧紧围绕离层水突涌这一中心主题,使之所选取的指标和离层水突涌整体评价存在一定的相关性。各评价指标间具有一定的层次结构,隶属清晰明确,同时指标还应容易获取,在本研究领域有关学者研究内容中出现过,在当前的认知范围内[2]。

科学性原则:离层水突涌是一个真实发生的事实,选取指标时必须符合该事实发生的客观规律,基于理论分析对客观存在的影响因素进行选取,尽量排除人为因素干扰。总而言之,指标选取需要综合考虑相关理论和现场实践经验两部分情况。

普遍性和特殊性原则:离层水突涌评价的评选指标分为共性指标和特殊指标两种,共性指标是都存在的指标,应按照实际情况对待;而特殊指标,如含水层完整性,这在有些实例里没有出现含水层破坏,故需要单独考虑。

可量化性原则:某些评价指标是定性的,无法通过理论分析、现场监测等方式得到具体数值。对于这种情况的指标,应在尊重客观事实的前提下,采用赋值打分、百分制原则等方式进行综合处理,使之最终能够实现指标量化分析。

8.1.2　评价指标和评价标准确定

由第一章的内容我们可以发现,国内近年来出现了很多的离层水突涌事故,严重影响了工作面的安全生产。许多学者纷纷对此进行了深入研究,主要表现在顶板离层机理、发生层位、离层水疏放等相关问题上,我们综合考虑课题组的研究成果以及相关专家的理论分析、实践结果,依据评价指标选取原则评选出科学有效的评价指标。其中,从水文地质条件和采动条件两个角度出发,评选出包括含水层厚度、有效隔水层厚度、含水层富水性、采动破坏比、工作面采高、推进步距和含水层水压在内的七个评价指标,综合建立了离层水突涌危害性评价指标,该评价指标如图8.1所示。

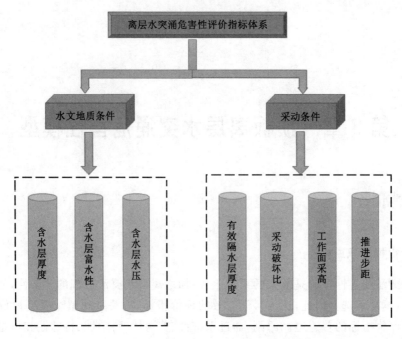

图 8.1 离层水突涌危害性评价指标

(1) 含水层厚度。离层空间的水来源于上部含水层,其积水能力也受含水层内的地下水赋存情况控制。一般情况下,含水层厚度越大,其内部储存的孔隙、裂隙水也就越多,对离层空间的补给能力越强,发生离层水突涌时产生的灾害也越大。

(2) 含水层富水性。含水层富水性能够直接表现出该含水层对离层水的补给能力,孔隙、裂隙越发育,富水性越强,补给能力就越强,离层空间积水速度越快,越易引发离层水突涌,从而造成工作面被淹等事故。其中,参考煤矿实际水文地质钻孔数据以及《煤矿防治水细则》[3],同时考虑实际发生离层水突涌时的含水层富水性大多为弱或者中等,将含水层的富水性划分为极弱、极弱—弱、弱、弱—中等和中等 5 类,其类型及赋值见表 8.1。

表 8.1 离层空间顶板富水性类型及赋值

类型	极弱	极弱—弱	弱	弱—中等	中等
赋值	1	3	5	7	9

(3) 含水层水压。一般情况下,上部含水层水压越大,和离层水贯通时,对下部起隔水作用的岩层产生的作用力越大,发生离层水突涌的危险性就越高。同时,当下部的裂隙扩展至上部离层空间时,水压越大,离层水在裂隙通道里涌动速度就越大,对工作面造成的危险性越大。

(4) 有效隔水层厚度。隔水层的完整性关系到离层空间能否实现积水,对离层水积聚过程有非常重要的作用。这里我们分两种类型来讨论,第一种是导水裂缝带未波及积水空间,隔水层厚度主要由实际探测的数据计算得出。第二种主要存在于西北地区的煤矿地层中,导水裂缝带波及离层空间和上部含水层,对它们产生了一定的影响,但该地区泥岩吸水易软化膨胀,导致产生的裂隙被泥岩颗粒重新填充,故这里所说的隔水层厚度应当为有效隔水层厚度。泥岩的特征可参考图 4.7 和图 4.8。

(5)采动破坏比。采动破坏比指导水裂缝带高度和离层距煤层高度之比。西北矿区出现导水裂缝带高度大于离层发育位置距煤层高度现象,因离层空间能够积水,直接使用该高度作为确定值不符合实际情况,故应该选择修正的导水裂缝带高度(离层距煤层高度和有效隔水层厚度的差值)作为目标值更为合理。根据统计资料分析,各个矿区导水裂缝带高度相差极大,导水裂缝带高度大的会出现危害性较小的情况,为使评选出来的评价指标更具有参考性,确定修正的导水裂缝带高度和离层距离煤层高度的比值作为最终指标。当工作面开采条件相同时,修正的导水裂缝带高度和离层距离煤层高度的比值越大,其相应的阻水能力越弱,工作面发生离层水突涌事故的危险性越大。

(6)工作面采高。工作面的开采厚度(采高)将直接影响导水裂缝带高度,对离层空间发育及其层位也有一定的影响。一般情况下,当离层空间发育层位确定时,煤层的工作面采高越大,离层空间下部的有效隔水层厚度越小,阻水能力降低,工作面发生离层水突涌事故的可能性更大。

(7)推进步距。工作面推进步距的快慢会直接影响离层空间体积发育的大小,进而影响离层空间的积水量。通过上述的模拟研究得出,推进步距越快,离层空间发育高度越低,离层空间可积水量就越低,对工作面开采的灾害性也越低。

8.1.3　评价指标等级划分

目前关于离层水突涌危害性评价的研究极少,影响因素选取更涉及不多[4]。而离层水突涌作为一种未知水害事故,在短时间内能够导致工作面最大涌水量迅速增加,而工作面的排水系统仅仅能够应对一般顶板砂岩水的突涌,所以极易使工作面产生淹面停产事故。笔者根据收集的工程地质资料、课题组以及相关学者的研究成果,综合多种因素的变化情况将离层水突涌危害性划分为五个级别,即顶板离层空间积聚了离层水但未发生离层水突涌,设离层水突涌危害性为Ⅰ级,属于安全级别;顶板发生了离层水突涌,但是涌水量(小于 125 m³/h)相对不多,地下排水系统能够及时疏水,设离层水突涌危害性为Ⅱ级,属于较安全级别;顶板发生了离层水突涌,但是涌水量(125～500 m³/h)相对较多,地下排水系统无法及时疏水,工作面逐渐积水,设离层水突涌危害性为Ⅲ级,属于临界安全级别;顶板发生了离层水突涌,并且最大涌水量属于 500～1 000 m³/h 的范围,工作面积水严重并逐渐被淹没,设离层水突涌危害性为Ⅳ级,属于危险级别;顶板发生了严重的离层水突涌,并且最大涌水量大于1 000 m³/h,工作面和巷道快速被淹没,造成严重的人员伤亡和财产损失,设离层水突涌危害性为Ⅴ级,属于极危险级别。

同时,综合相关学者关于离层水突涌机理的研究,同时收集发生离层水突涌事故的煤矿(这里不包含多煤层开采以及偶然性因素导致的离层水突涌事故煤矿)的地质参数,按照上述关于离层水突涌危害性的等级划分原则对各评价指标的参数值进行标准区间分级(表 8.2),从而为预防顶板离层水突涌提供安全可靠的指导建议。

表 8.2　离层水突涌危害性评价指标区间分级

一级指标	二级指标	指标类型	突涌危害性等级				
			I	II	III	IV	V
水文地质条件	含水层厚度	正向指标	0~8.1	8.1~16.1	16.1~24.1	24.1~32.1	32.1~40.1
	含水层富水性	正向指标	0~2	2~4	4~6	6~8	8~10
	含水层水压	正向指标	0~1.11	1.11~1.41	1.41~1.71	1.71~2.01	2.01~2.31
采动条件	有效隔水层厚度	负向指标	50.1~40.1	40.1~30.1	30.1~20.1	20.1~10.1	10.1~0
	采动破坏比	正向指标	0~0.51	0.51~0.61	0.61~0.71	0.71~0.81	0.81~1
	工作面采高	正向指标	0~2.51	2.51~5.01	5.01~7.51	7.51~10.01	10.01~12.51
	推进步距	负向指标	1~0.8	0.8~0.6	0.6~0.4	0.4~0.2	0.2~0

8.1.4　模型评价方法确定

　　直觉模糊层次分析法有效耦合了直觉模糊集和层次分析法,通过引入犹豫度这个指标有效地解决了某些不能肯定的情况。这里将直觉模糊层次分析法作为主观权重分析手段,结合熵权法计算研究区实际地质参数,通过信息熵理论耦合主客观权重向量从而得到更可靠的权重值。再通过集对分析-可变模糊集理论建立顶板离层水突涌评价模型,分析顶板离层水突涌危害性等级。

8.2　不同评价方法计算结果对比和实例

8.2.1　权重计算

　　(1)直觉模糊层次分析法权重计算
　　首先参考离层水突涌问题研究方面的专家意见,对评估指标作两两对比,得出的直觉模糊判断矩阵为:

$$R = \begin{bmatrix} (0.5,0.5) & (0.55,0.4) & (0.6,0.35) & (0.45,0.45) & (0.75,0.2) & (0.45,0.5) & (0.6,0.4) \\ (0.4,0.55) & (0.5,0.5) & (0.5,0.5) & (0.6,0.25) & (0.4,0.5) & (0.35,0.55) & (0.5,0.45) \\ (0.35,0.6) & (0.5,0.5) & (0.5,0.5) & (0.5,0.45) & (0.45,0.5) & (0.7,0.3) & (0.8,0.15) \\ (0.45,0.45) & (0.25,0.6) & (0.45,0.5) & (0.5,0.5) & (0.45,0.55) & (0.45,0.5) & (0.5,0.4) \\ (0.2,0.75) & (0.5,0.4) & (0.5,0.45) & (0.55,0.45) & (0.5,0.5) & (0.6,0.3) & (0.55,0.45) \\ (0.5,0.45) & (0.55,0.35) & (0.3,0.7) & (0.5,0.45) & (0.3,0.6) & (0.5,0.5) & (0.4,0.55) \\ (0.4,0.6) & (0.45,0.5) & (0.15,0.8) & (0.4,0.5) & (0.45,0.55) & (0.55,0.4) & (0.5,0.5) \end{bmatrix}$$

　　根据式(7.20)至式(7.23)可以得出直觉模糊一致性判断矩阵:

$$\bar{R} = \begin{bmatrix} (0.500\ 0,0.500\ 0) & (0.550\ 0,0.400\ 0) & (0.550\ 0,0.400\ 0) & (0.550\ 5,0.398\ 9) \\ (0.400\ 0,0.550\ 0) & (0.500\ 0,0.500\ 0) & (0.500\ 0,0.500\ 0) & (0.500\ 0,0.450\ 0) \\ (0.449\ 5,0.525\ 1) & (0.500\ 0,0.500\ 0) & (0.500\ 0,0.500\ 0) & (0.500\ 0,0.450\ 0) \\ (0.432\ 1,0.533\ 7) & (0.474\ 9,0.500\ 0) & (0.450\ 0,0.500\ 0) & (0.500\ 0,0.500\ 0) \\ (0.500\ 0,0.474\ 9) & (0.425\ 7,0.517\ 1) & (0.500\ 0,0.474\ 9) & (0.550\ 0,0.450\ 0) \\ (0.390\ 1,0.574\ 6) & (0.447\ 2,0.500\ 0) & (0.429\ 9,0.517\ 1) & (0.419\ 9,0.525\ 6) \\ (0.508\ 4,0.474\ 8) & (0.520\ 1,0.449\ 0) & (0.459\ 7,0.527\ 6) & (0.516\ 7,0.449\ 7) \end{bmatrix}$$

$$\begin{bmatrix} (0.466\ 6,0.500\ 0) & (0.592\ 9,0.363\ 9) & (0.469\ 7,0.510\ 0) \\ (0.525\ 6,0.389\ 6) & (0.500\ 0,0.429\ 9) & (0.436\ 3,0.525\ 1) \\ (0.450\ 0,0.500\ 0) & (0.525\ 6,0.395\ 6) & (0.536\ 8,0.446\ 3) \\ (0.450\ 0,0.550\ 0) & (0.551\ 0,0.343\ 8) & (0.424\ 8,0.525\ 1) \\ (0.500\ 0,0.500\ 0) & (0.600\ 0,0.300\ 0) & (0.500\ 0,0.343\ 8) \\ (0.300\ 0,0.600\ 0) & (0.500\ 0,0.500\ 0) & (0.400\ 0,0.550\ 0) \\ (0.419\ 9,0.500\ 0) & (0.550\ 0,0.400\ 0) & (0.500\ 0,0.500\ 0) \end{bmatrix}$$

修正后的直觉模糊矩阵为：

$$R' = \begin{bmatrix} (0.500\ 0,0.500\ 0) & (0.550\ 0,0.400\ 0) & (0.564\ 1,0.385\ 7) & (0.522\ 4,0.413\ 1) \\ (0.400\ 0,0.550\ 0) & (0.500\ 0,0.500\ 0) & (0.500\ 0,0.500\ 0) & (0.528\ 4,0.388\ 9) \\ (0.420\ 8,0.546\ 3) & (0.500\ 0,0.500\ 0) & (0.500\ 0,0.500\ 0) & (0.500\ 0,0.450\ 0) \\ (0.437\ 1,0.510\ 3) & (0.406\ 2,0.483\ 9) & (0.450\ 0,0.500\ 0) & (0.500\ 0,0.500\ 0) \\ (0.404\ 2,0.558\ 6) & (0.446\ 3,0.483\ 9) & (0.500\ 0,0.467\ 9) & (0.550\ 0,0.450\ 0) \\ (0.420\ 3,0.540\ 0) & (0.475\ 9,0.456\ 8) & (0.391\ 6,0.571\ 1) & (0.442\ 1,0.504\ 4) \\ (0.477\ 7,0.510\ 2) & (0.500\ 4,0.463\ 2) & (0.353\ 9,0.614\ 8) & (0.483\ 7,0.463\ 7) \end{bmatrix}$$

$$\begin{bmatrix} (0.552\ 6,0.404\ 2) & (0.553\ 4,0.400\ 8) & (0.506\ 6,0.478\ 9) \\ (0.490\ 1,0.419\ 9) & (0.456\ 8,0.463\ 8) & (0.454\ 0,0.504\ 0) \\ (0.450\ 0,0.500\ 0) & (0.577\ 1,0.367\ 7) & (0.621\ 1,0.345\ 0) \\ (0.450\ 0,0.550\ 0) & (0.522\ 8,0.385\ 7) & (0.445\ 7,0.489\ 7) \\ (0.500\ 0,0.500\ 0) & (0.600\ 0,0.300\ 0) & (0.514\ 0,0.372\ 4) \\ (0.300\ 0,0.600\ 0) & (0.500\ 0,0.500\ 0) & (0.400\ 0,0.550\ 0) \\ (0.428\ 3,0.514\ 0) & (0.550\ 0,0.400\ 0) & (0.500\ 0,0.500\ 0) \end{bmatrix}$$

将本书的一致性阈值系数 $\varGamma$ 的取值定为 $0.1^{[4]}$。通过式(7.24)求得 R 和 $\bar{R}$ 的距离测度 $d\langle R,\bar{R}\rangle$ 为 0.142 4，大于 0.1，即 R 不满足一致性检验。借助式(7.25)至式(7.27)对直觉模糊矩阵进行修正，修正因子取值从 1 往下逐渐取值，当其等于 0.72 时，R 和 $\bar{R}$ 的距离测度 $d\langle R,\bar{R}\rangle$ 为 0.099 9，满足一致性检验。

再根据式(7.28)得出直觉模糊权重：

$$\omega'' = [(0.119\ 1,0.830\ 9) \quad (0.131\ 5,0.844\ 6) \quad (0.126\ 8,0.839\ 5) \quad (0.137\ 2,0.850\ 9)$$
$$(0.123\ 4,0.835\ 7) \quad (0.146\ 3,0.861\ 0) \quad (0.133\ 9,0.837\ 3)]$$

最后由式(7.29)至式(7.30)得出最终权重：

$$\omega_1 = [0.133\ 6 \quad 0.143\ 1 \quad 0.139\ 6 \quad 0.147\ 5 \quad 0.136\ 9 \quad 0.154\ 4 \quad 0.144\ 9]$$

(2) 熵权法权重计算

对影响离层水突涌的评价指标进行熵权法计算,进而确定出影响顶板离层水突涌危害性的主控因素。首先,确定各评价指标的指示值,这里使正向指标的指示值为1,负向指标的指示值为−1,得出负向指标分别为采动破坏比和有效隔水层厚度,其余为正向指标。

为了消除指标含义、单位等对评价结果的影响,根据式(7.4)至式(7.5)对收集的数据进行标准化处理,其计算结果见表8.3。

表8.3 各指标数据的标准化值

实例	含水层厚度/m	含水层富水性	含水层水压/MPa	有效隔水层厚度/m	采动破坏比	工作面采高/m	推进步距
崔木煤矿 21301 工作面	0.922 3	0.666 7	0.807 7	0.517 1	0.948 7	0.899 0	0.750 0
崔木煤矿 21302 工作面	0.291 3	0.666 7	0.551 3	0.193 5	0.307 7	0.494 9	0.500 0
崔木煤矿 21303 工作面	0.485 4	0.666 7	0.737 2	0.774 2	0.615 4	0.798 0	0.500 0
玉华煤矿 1412 工作面	0.388 3	0.333 3	0.711 5	0.930 0	1.000 0	0.798 0	1.000 0
玉华煤矿 1418 工作面	0.156 3	0.333 3	0.685 9	0.677 4	0.923 1	1.000 0	0.500 0
照金煤矿 118 工作面	0.873 8	0.666 7	0.916 7	0.774 2	0.948 7	0.697 0	0.750 0
大佛寺煤矿 41103 工作面	0.485 4	0.666 7	0.743 6	0.645 2	0.871 8	0.090 9	0.500 0
大佛寺煤矿 41104 工作面	0.339 8	0.666 7	0.589 7	0.193 5	0.846 2	0.070 7	0.250 0
火石咀煤矿 8506 工作面	0.621 4	0.333 3	0.929 5	0.106 5	0.051 3	0.485 9	1.000 0
郭家河煤矿 1306 工作面	0.115 5	0.666 7	1.000 0	0.451 6	0.102 6	0.353 5	0
红柳煤矿 1121 工作面	1.000 0	0.333 3	0.416 7	0.677 4	1.000 0	0.553 5	0.750 0
大柳煤矿 1401 工作面	0.599 5	0.333 3	0.250 0	0.577 4	0.102 6	0.242 4	0.500 0
沙吉海煤矿 B1003w01g 工作面	0.266 0	0.333 3	0.320 5	0.774 2	0.564 1	0.494 9	0
石拉乌素矿 103A 工作面	0.196 6	0	1.000 0	0.770 6	0.538 5	0.798 0	0.500 0
新上海一号 111084 工作面	0.980 6	1.000 0	0.397 4	1.000 0	0.717 9	0.434 3	0.750 0
海孜煤矿 745 工作面	0.825 2	1.000 0	0	0.516 1	0.871 8	0.580 8	1.000 0
杨柳煤矿 10414 工作面	0.527 2	0.333 3	0.416 7	0.012 9	0.615 4	0.020 2	0.500 0
新集一矿 1307 工作面	0.582 5	0.333 3	0.115 4	0.177 4	0.564 1	0.473 7	0.500 0
新集二矿 1113104 工作面	0	0	0.115 4	0.516 1	0.282 1	0.191 9	0.500 0
济宁二号 11305 工作面	0.582 5	0.333 3	0.153 8	0.993 9	0.359 0	0.385 9	0.250 0
华丰煤矿 1409 工作面	0.825 2	0	0.583 3	0.322 6	0.615 4	0.414 1	0.750 0
王楼煤矿 11305 工作面	0.873 8	0.666 7	0.346 2	0.193 5	0	0	0.750 0
王楼煤矿 13301 工作面	0.873 8	0.666 7	0.359 0	0.619 4	0.820 5	0.329 3	0.500 0
大明煤矿 EW416 工作面	0.679 6	0.666 7	0.551 3	0	0.461 5	0.165 7	0.250 0

然后利用 MATLAB 软件对式(7.6)至式(7.8)进行编程,代入各指标的标准化值,进而计算出各指标的熵值和熵权,其结果见表8.4。

表 8.4 各评价指标的权重及排序

评价指标	指示值	熵值	熵权	排序
含水层厚度	1	0.949 4	0.117 8	7
含水层富水性	1	0.934 8	0.151 9	3
含水层水压	1	0.945 3	0.127 4	6
有效隔水层厚度	−1	0.934 4	0.152 9	2
采动破坏比	1	0.942 3	0.134 6	5
工作面采高	1	0.929 1	0.165 3	1
推进步距	−1	0.935 6	0.150 2	4

（3）组合权重法权重计算

利用最小信息熵原理将直觉模糊层次分析法和熵权法的计算结果代入式（7.40）至式（7.42），进而得出综合权重：$\omega = [0.125\ 2\quad 0.147\ 1\quad 0.133\ 1\quad 0.149\ 9\quad 0.135\ 5\quad 0.159\ 4\quad 0.149\ 8]$。主客观权重对比如图 8.2 所示。

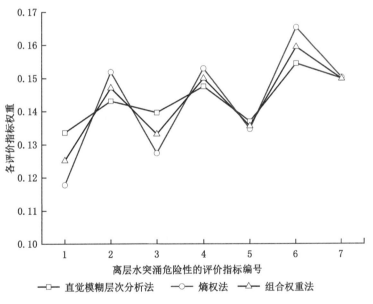

图 8.2 主客观权重对比

从图 8.2 中可看出，在各评价指标中的权重内，组合权重法的权重位于直觉模糊层次分析法和熵权法的权重之间，能够有效平衡两种方法自身带来的差异性，分析结果更具有客观性。工作面采高权重为 0.159 4，有效隔水层厚度权重为 0.149 9，推进步距权重为 0.149 8，含水层富水性权重为 0.147 1，采动破坏比权重为 0.135 5，含水层水压权重为 0.133 1，这六个评价指标的总权重为 0.874 8，覆盖了绝大部分信息，能够有效评价顶板离层水突涌的危害性。同时，通过深入研究这些主控因素，能够为降低甚至预防离层水突涌事故提供一些参考思路。

8.2.2 离层水突涌危害性评价等级

以崔木煤矿 21301 工作面为例,结合表 8.2 中的指标分级将该工作面的评价指标参数代入式(7.70)和式(7.71),得出单指标联系度,其相应成果如表 8.5 所示。

表 8.5 崔木煤矿 21301 工作面单指标联系度

评价指标	Ⅰ级	Ⅱ级	Ⅲ级	Ⅳ级	Ⅴ级
含水层厚度	−0.454 1	−0.308 0	−0.043 1	0.430 2	1
含水层富水性	−0.285 7	0	0.500 0	1	0.833 3
含水层水压	0.247 4	−0.050 6	0.418 4	1	0.865 9
有效隔水层厚度	0.497 8	0.745 2	0.993 6	1	0.258 6
采动破坏比	0.150 5	−0.404 8	−0.218 2	0.181 8	1
工作面采高	−0.430 0	−0.263 8	0.043 4	0.574 5	1
推进步距	0.428 6	0.600 0	0.833 3	1	0.500 0

将单指标联系度代入式(7.72)就得出相对隶属度,结合组合权重法将求出的评价指标权重分别代入式(7.73)至式(7.74)中从而计算出综合隶属度向量,其结果如表 8.6 所示。

表 8.6 崔木煤矿 21301 工作面综合隶属度向量及计算结果

模型参数	归一化后的综合隶属度向量					评价等级	实际等级	工作面涌水量 / (m³/h)
	V_1	V_2	V_3	V_4	V_5			
$d=1, p=1$	0.146 8	0.151 8	0.197 0	0.250 7	0.253 8	Ⅴ		
$d=1, p=2$	0.152 4	0.158 1	0.197 0	0.244 5	0.247 8	Ⅴ		
$d=2, p=1$	0.135 4	0.144 3	0.213 8	0.252 8	0.253 8	Ⅴ	Ⅴ	1 100
$d=2, p=2$	0.137 9	0.148 0	0.208 9	0.251 8	0.253 4	Ⅴ		
评价结果						Ⅴ		

按照上述计算过程依次求出各煤矿工作面离层水突涌危害性评价等级,同时分别代入基于直觉模糊层次分析法和熵权法的权重结果计算集对分析-可变模糊集评价模型,评价等级结果具体如表 8.7 所示。

由表 8.7 可看出,通过对基于组合权重法的集对分析-可变模糊集评价模型进行分析,与实际情况相比,24 个煤矿工作面离层水突涌危害性评价等级有 21 个判别正确,正确率为 87.5%;通过对基于直觉模糊层次分析法的集对分析-可变模糊集评价模型进行分析,与实际情况相比,24 个煤矿工作面离层水突涌危害性评价等级有 20 个判别正确,正确率为 83.33%;通过对基于熵权法的集对分析-可变模糊集评价模型进行分析,与实际情况相比,24 个煤矿工作面离层水突涌危害性评价等级有 20 个判别正确,正确率为 83.33%。基于组合权重法的集对分析-可变模糊集评价模型相比其他两种评价模型,其判别正确率更高,能够更真实地反映顶板离层水突涌危害性程度。

表 8.7 各煤矿工作面离层水突涌危害性评价等级结果

实例	模型参数				评价等级		实际等级	工作面涌水量/(m³/h)
	$d=1, p=1$	$d=1, p=2$	$d=2, p=1$	$d=2, p=2$	直觉模糊层次分析法	熵权法		
崔木煤矿 21301 工作面	[0.146 8, 0.151 8, 0.197 0, 0.250 7, 0.253 8]	[0.152 4, 0.158 1, 0.197 0, 0.244 5, 0.247 8]	[0.135 4, 0.144 3, 0.213 8, 0.252 8, 0.253 8]	[0.137 9, 0.148 0, 0.208 9, 0.251 8, 0.253 4]	V	V	V	1 100
崔木煤矿 21302 工作面	[0.161 1, 0.188 8, 0.242 8, 0.221 3, 0.186 0]	[0.163 6, 0.190 9, 0.240 9, 0.219 6, 0.185 1]	[0.167 6, 0.198 7, 0.220 7, 0.216 8, 0.196 3]	[0.164 8, 0.198 2, 0.225 9, 0.218 8, 0.192 3]	III	III	III	500
崔木煤矿 21303 工作面	[0.146 6, 0.156 3, 0.209 5, 0.256 3, 0.231 3]	[0.150 9, 0.161 0, 0.211 8, 0.252 1, 0.224 2]	[0.143 7, 0.160 2, 0.223 0, 0.239 0, 0.234 0]	[0.143 3, 0.160 2, 0.222 9, 0.242 1, 0.231 4]	IV	IV	IV	570
玉华煤矿 1412 工作面	[0.144 4, 0.155 0, 0.222 4, 0.227 7, 0.222 7]	[0.149 1, 0.159 7, 0.201 9, 0.236 1, 0.253 2]	[0.139 9, 0.158 3, 0.221 7, 0.239 3, 0.240 8]	[0.140 9, 0.159 1, 0.216 0, 0.239 4, 0.244 7]	V	V	V	2 000
玉华煤矿 1418 工作面	[0.155 6, 0.172 0, 0.222 4, 0.227 2, 0.222 7]	[0.162 2, 0.176 0, 0.210 5, 0.228 2, 0.223 2]	[0.150 8, 0.175 7, 0.223 7, 0.226 0, 0.223 9]	[0.152 9, 0.174 4, 0.216 2, 0.229 9, 0.226 6]	IV	IV	IV	600
照金煤矿 118 工作面	[0.143 9, 0.147 7, 0.194 3, 0.253 7, 0.260 5]	[0.148 3, 0.153 4, 0.195 5, 0.244 9, 0.258 0]	[0.133 7, 0.140 7, 0.214 0, 0.255 1, 0.256 5]	[0.135 5, 0.144 6, 0.210 8, 0.252 2, 0.256 9]	V	V	V	2 000
大佛寺煤矿 41103 工作面	[0.167 4, 0.177 2, 0.212 4, 0.231 9, 0.211 1]	[0.172 6, 0.179 1, 0.211 9, 0.228 2, 0.208 3]	[0.169 5, 0.182 3, 0.213 5, 0.221 9, 0.212 8]	[0.171 4, 0.180 3, 0.213 7, 0.223 6, 0.211 0]	IV	IV	IV	600
大佛寺煤矿 41104 工作面	[0.186 3, 0.199 5, 0.218 5, 0.205 7, 0.189 9]	[0.190 0, 0.197 5, 0.218 4, 0.206 1, 0.187 9]	[0.188 6, 0.200 8, 0.213 0, 0.205 4, 0.192 2]	[0.190 1, 0.198 5, 0.216 8, 0.206 9, 0.187 6]	III	III	IV	500

表 8.7(续)

实例	模型参数				评价等级	直觉模糊层次分析法	熵权法	实际等级	工作面涌水量/(m³/h)
	$d=1,p=1$	$d=1,p=2$	$d=2,p=1$	$d=2,p=2$					
火石咀煤矿 8506工作面	[0.161 0, 0.186 2, 0.217 5, 0.222 5, 0.212 8]	[0.165 5, 0.187 4, 0.218 4, 0.222 3, 0.206 3]	[0.162 0, 0.193 0, 0.215 0, 0.217 1, 0.212 8]	[0.162 1, 0.191 0, 0.217 7, 0.219 9, 0.209 3]	IV	IV	IV	IV	1 000
鄂家河煤矿 1306工作面	[0.176 9, 0.195 4, 0.218 4, 0.214 4, 0.194 9]	[0.181 7, 0.198 5, 0.213 7, 0.212 3, 0.193 8]	[0.178 2, 0.198 0, 0.214 3, 0.212 1, 0.197 5]	[0.179 3, 0.199 6, 0.213 9, 0.212 8, 0.194 4]	III	III	III	III	200
红柳煤矿 1121工作面	[0.155 1, 0.176 2, 0.215 1, 0.229 7, 0.223 9]	[0.160 0, 0.177 9, 0.207 6, 0.227 1, 0.227 4]	[0.152 0, 0.182 5, 0.218 1, 0.224 8, 0.222 5]	[0.153 2, 0.179 9, 0.213 2, 0.226 7, 0.226 9]	IV/V	IV/V	IV	V	3 000
大柳煤矿 1401工作面	[0.173 1, 0.208 9, 0.225 9, 0.213 5, 0.178 7]	[0.172 9, 0.204 9, 0.225 6, 0.215 7, 0.180 9]	[0.182 3, 0.207 8, 0.212 6, 0.209 5, 0.187 9]	[0.178 3, 0.206 7, 0.215 7, 0.212 1, 0.187 3]	III	III	III	III	430
沙吉海煤矿 B1003w01g工作面	[0.175 5, 0.186 8, 0.220 8, 0.220 6, 0.196 2]	[0.178 8, 0.194 6, 0.218 8, 0.212 2, 0.195 6]	[0.179 7, 0.191 8, 0.214 2, 0.214 2, 0.200 0]	[0.177 8, 0.196 4, 0.216 4, 0.212 0, 0.197 4]	III	III	III/IV	III	300
石拉乌素煤矿 103A工作面	[0.160 0, 0.174 3, 0.211 5, 0.233 8, 0.220 4]	[0.165 0, 0.175 2, 0.208 9, 0.234 4, 0.216 4]	[0.160 8, 0.180 7, 0.214 9, 0.224 2, 0.219 5]	[0.161 8, 0.176 7, 0.213 6, 0.228 7, 0.219 1]	V	IV	IV	IV	921.4
新上海一号 111084工作面	[0.154 3, 0.169 4, 0.202 1, 0.230 5, 0.243 7]	[0.157 2, 0.170 6, 0.199 3, 0.233 5, 0.239 4]	[0.149 8, 0.173 5, 0.212 0, 0.230 2, 0.234 5]	[0.149 5, 0.171 0, 0.208 3, 0.234 3, 0.236 9]	V	V	V	V	2 000
海孜煤矿 745工作面	[0.158 7, 0.164 3, 0.198 1, 0.233 3, 0.245 7]	[0.161 2, 0.168 3, 0.198 9, 0.233 7, 0.238 0]	[0.154 0, 0.163 1, 0.208 5, 0.234 8, 0.239 6]	[0.152 2, 0.163 8, 0.206 9, 0.237 3, 0.239 8]	V	V	V	V	3 887

表 8.7(续)

实例	模型参数				评价等级	直觉模糊层次分析法	熵权法	实际等级	工作面涌水量 /(m³/h)
	$d=1, p=1$	$d=1, p=2$	$d=2, p=1$	$d=2, p=2$					
杨柳煤矿 10414 工作面	[0.190 7, 0.206 3, 0.216 4, 0.207 0, 0.179 6]	[0.191 8, 0.202 9, 0.220 1, 0.206 0, 0.179 2]	[0.194 5, 0.205 4, 0.210 3, 0.205 8, 0.183 9]	[0.193 9, 0.204 1, 0.215 7, 0.206 6, 0.179 7]	Ⅲ	Ⅲ	Ⅲ	Ⅲ	500
新集一矿 1307 工作面	[0.172 9, 0.192 9, 0.228 5, 0.218 3, 0.187 3]	[0.174 0, 0.194 1, 0.228 3, 0.217 5, 0.186 1]	[0.177 3, 0.198 1, 0.217 6, 0.214 0, 0.193 1]	[0.174 3, 0.198 0, 0.222 0, 0.216 4, 0.189 3]	Ⅲ	Ⅲ	Ⅲ	Ⅲ	400
新集二矿 1113104 工作面	[0.200 8, 0.218 6, 0.218 5, 0.196 6, 0.165 4]	[0.203 8, 0.222 8, 0.212 2, 0.193 0, 0.168 2]	[0.203 9, 0.212 2, 0.212 1, 0.201 2, 0.170 6]	[0.206 0, 0.216 8, 0.211 5, 0.197 1, 0.168 6]	Ⅱ	Ⅱ/Ⅲ	Ⅱ	Ⅱ	85
济宁二号 11305 工作面	[0.172 4, 0.193 8, 0.220 5, 0.215 3, 0.198 0]	[0.173 7, 0.197 8, 0.222 6, 0.211 7, 0.194 2]	[0.176 9, 0.198 1, 0.212 9, 0.210 9, 0.201 2]	[0.174 1, 0.200 5, 0.217 1, 0.211 0, 0.197 2]	Ⅲ	Ⅲ	Ⅲ	Ⅲ	356
华丰煤矿 1409 工作面	[0.165 7, 0.187 5, 0.222 0, 0.224 7, 0.200 0]	[0.170 2, 0.187 3, 0.217 2, 0.227 0, 0.198 2]	[0.170 0, 0.194 4, 0.215 2, 0.216 1, 0.204 3]	[0.171 0, 0.191 8, 0.215 3, 0.219 8, 0.202 2]	Ⅳ	Ⅳ	Ⅳ	Ⅳ	720
王楼煤矿 11305 工作面	[0.187 3, 0.205 5, 0.212 7, 0.206 5, 0.188 1]	[0.183 9, 0.199 2, 0.216 2, 0.210 9, 0.189 9]	[0.191 4, 0.204 2, 0.207 7, 0.204 7, 0.192 1]	[0.185 5, 0.200 6, 0.212 6, 0.209 4, 0.191 9]	Ⅲ	Ⅲ	Ⅲ	Ⅲ	450
王楼煤矿 13301 工作面	[0.164 3, 0.187 0, 0.214 3, 0.224 1, 0.210 4]	[0.168 0, 0.185 4, 0.210 6, 0.227 9, 0.208 1]	[0.163 6, 0.192 0, 0.213 9, 0.218 8, 0.211 6]	[0.163 9, 0.187 7, 0.213 1, 0.224 3, 0.211 0]	Ⅳ	Ⅳ	Ⅳ	Ⅳ	790
大明煤矿 EW416 工作面	[0.183 4, 0.203 6, 0.211 7, 0.212 8, 0.188 4]	[0.186 6, 0.201 7, 0.219 8, 0.207 0, 0.184 9]	[0.185 7, 0.204 0, 0.209 4, 0.210 0, 0.190 9]	[0.186 5, 0.203 1, 0.218 0, 0.208 0, 0.184 4]	Ⅲ/Ⅳ	Ⅲ/Ⅳ	Ⅲ/Ⅳ	Ⅲ	185

注：模型评价等级依照 4 个模型参数得出结果，当模型参数不一样时，按照"少数服从多数"原则，当出现两种结果且数量一致时，则两种结果并存。

8.2.3 实例验证

某矿 21805 工作面发生离层水突涌事故,其最大涌水量为 130 m³/h,未对工作面造成影响,顶板淋水变小以后工作面恢复生产。通过搜集整理分析该矿地质参数可知,离层空间上位含水层厚度为 10 m,含水层富水性弱,含水层水压为 0.36 MPa,有效隔水层厚度为 8 m,采动破坏比为 0.78,工作面采高为 3 m,推进步距为 0.5。

将上述评价指标参数代入集对分析-可变模糊集评价模型,计算出该矿 21805 工作面的单指标联系度,其计算结果如表 8.8 所示。

表 8.8　21805 工作面的单指标联系度

评价指标	Ⅰ级	Ⅱ级	Ⅲ级	Ⅳ级	Ⅴ级
含水层厚度	0.715 0	1	0.783 7	0.543 0	0.398 7
含水层富水性	0	0.500 0	1	0.833 3	0.600 0
含水层水压	1	0.642 9	0.333 3	0.272 7	0.230 8
有效隔水层厚度	0.356 3	0.467 3	0.678 7	0.913 2	1
采动破坏比	0.371 8	−0.074 1	0.382 4	1	0.931 8
工作面采高	0.755 0	1	0.777 2	0.535 0	0.394 3
推进步距	0.600 0	0.833 3	1	0.500 0	0

再将单指标联系度和用组合权重法、直觉模糊层次分析法以及熵权法求出的评价指标权重代入式(7.73)至式(7.75)中计算综合隶属度向量,其计算结果如表 8.9 所示。

表 8.9　21805 工作面综合隶属度向量及计算结果

模型参数	归一化后的综合隶属度向量					评价等级	直觉模糊层次分析法	熵权法	实际等级	工作面涌水量/(m³/h)
	V_1	V_2	V_3	V_4	V_5					
$d=1,p=1$	0.190 9	0.202 3	0.213 3	0.206 2	0.187 3	Ⅲ	Ⅲ	Ⅲ		
$d=1,p=2$	0.191 1	0.199 6	0.214 3	0.208 1	0.186 9	Ⅲ	Ⅲ	Ⅲ		
$d=2,p=1$	0.194 9	0.202 1	0.207 0	0.204 0	0.192 1	Ⅲ	Ⅲ	Ⅲ	Ⅲ	130
$d=2,p=2$	0.193 9	0.200 6	0.209 4	0.206 1	0.190 1	Ⅲ	Ⅲ	Ⅲ		
评价结果						Ⅲ	Ⅲ	Ⅲ		

参 考 文 献

[1] 王其荣,黄建.综合评价方法之评价[J].统计与决策,2006(11):137-138.

[2] 朱光丽.采动诱发断层活化(滞后)突水致灾机理试验及评价研究[D].青岛:山东科技大学,2018.

［3］ 国家煤矿安全监察局.煤矿防治水细则［M］.北京:煤炭工业出版社,2018.

［4］ 韩承豪,魏久传,谢道雷,等.基于集对分析-可变模糊集耦合法的砂岩含水层富水性评价:以宁东矿区金家渠井田侏罗系直罗组含水层为例［J］.煤炭学报,2020,45(7):2432-2443.

第9章 顶板离层水防治技术进展

9.1 顶板离层水突涌防治思路

离层水突涌防治措施的研究成果是保障工作面安全开采的可靠依据。离层水突涌在每个煤矿工作面的危害性是不一样的,工作面最大涌水量从 85 m³/h 到 3 887 m³/h 不等,个别离层水突涌事故可导致工作面被淹甚至出现人员伤亡,也有离层水突涌事故对工作面的影响很小,工作面很快恢复生产。

针对这些已发生的离层水突涌事故应研究导致它们发生的主控因素,通过控制主控因素开展相应的防治措施将更具有针对性。根据前文对离层水突涌危害性影响因素的权重计算,得出主控因素序列为工作面采高、有效隔水层厚度、推进步距、含水层富水性、采动破坏比、含水层水压及含水层厚度。其中,工作面采高和推进步距是影响离层空间发育的关键因素,有效隔水层厚度和采动破坏比是保障离层空间能够长时间积水的重要因素,含水层富水性强、含水层水压大及含水层厚度大是离层空间充水的重要前提。

通过研究上述影响离层水突涌的主控因素,提出基于工作面不同采高下的多种离层水突涌防治措施。以下将分别阐述小采厚下、中采厚下及大采厚下的离层水突涌防治措施。

9.2 小采厚下离层水突涌防治措施

这里认为工作面采厚一般为小于或等于 3 m,为薄及中厚煤层开采。这种类型的离层水突涌防治措施如下。

(1) 增大工作面推进步距

通过第 5 章的数值模拟研究发现,增大工作面推进步距能有效降低离层空间发育高度,如当推进步距为 10 m 到 30 m 时,离层最大发育高度模拟结果从 1.311 m 降为 0.240 m。

(2) 疏放离层空间积水

根据工作面埋深和巷道布置等地质条件以及经济成本分析,有井上钻孔铺设和井下钻孔铺设两种离层水疏放方式。采取这两种疏水方式可以避免离层水突涌影响工作面正常生产。

地面布置疏水钻孔适合煤层埋藏浅、采厚较大的工作面,如图 9.1 所示。井下布置疏水钻孔适用于地表地势复杂、不易打钻定位和煤层埋藏深的工作面,准备巷道和工作面疏水钻孔布置示意图分别如图 9.2 和图 9.3 所示。

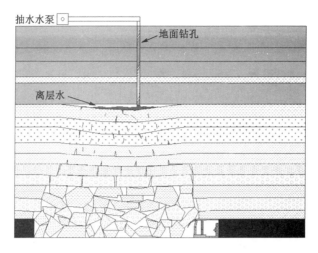

图 9.1　地面布置疏放离层水的疏水钻孔（剖面示意图）

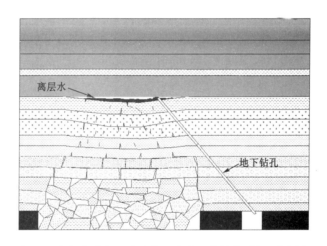

图 9.2　准备巷道布置疏放离层水的疏水钻孔（剖面示意图）

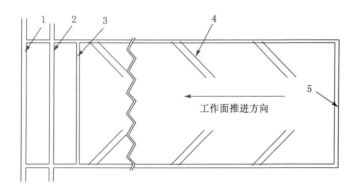

1—轨道上山；2—运输上山；3—停采线；4—疏水钻孔；5—开切眼。

图 9.3　工作面布置疏放离层水的疏水钻孔（平面示意图）

9.3　中采厚下离层水突涌防治措施

该类型工作面采厚一般为 3～6 m,通过对离层水突涌矿井的数据收集,发现该采厚下离层水突涌危害性等级范围为Ⅲ～Ⅴ级,工作面最大涌水量都大于 125 m³/h,超出了一般矿井地下排水系统的疏放能力,如果不进行其他必要的预防措施,必然会影响工作面巷道的稳定性及设备的正常使用,造成工作面长时间难以恢复生产,故中采厚下离层水突涌应采用多种措施联合防治,主要包括限定采厚、疏放离层空间积水以及离层水疏放注浆三种措施。下面介绍其中的两种措施。

9.3.1　限定采厚

限定采厚就是通过数值模拟研究,将离层空间发育高度控制在一定范围内,再分析积水离层空间发育情况。这里以红柳煤矿的 1121 综采工作面为研究对象建立数值模型,煤层底板距离地表 280 m。红柳煤矿 1121 综采工作面位于红柳井田中东部,井田工业广场西北方向,工作面回采煤层为 2 号煤。该工作面走向长度为 1 379 m,倾斜长度为 302.5 m,煤厚为 4.3～5.8 m,平均为 5.3 m;煤层倾角为 5.3°～15.5°,平均为 8.5°;可采储量为 274.48 万 t。2010 年,1121 综采工作面初采期推进 186 m 时先后发生了 4 次较大规模的突水,最大涌水量为 3 000 m³/h,工作面和两侧巷道被淹[1-2]。

1121 综采工作面的直接顶为粉砂岩、细砂岩,厚度为 8～10 m,基本顶首先是直罗组下段下分层粗砂岩含水层,厚度为 14.66～47.17 m,平均厚度为 22.2 m,其上部的粉砂岩和泥岩作为隔水层,厚度为 7.0～25.5 m,平均厚度为 20 m;其次是直罗组下段上分层粗砂岩含水层,厚度为 29.07～41.76 m,平均厚度为 40.6 m。其中,直罗组下段上分层粗砂岩含水层为 2 号煤的主要充水含水层,该工作面开采形成的导水裂缝带已经波及至该含水层,但其下侧泥岩遇水膨胀,逐渐填堵了采动裂隙,从而使得离层空间能够在泥岩和粗砂岩之间稳定积水[3]。

设计模型的总长度为 300 m,高度为 139 m,宽度为 5 m,煤层厚度为 5 m,工作面边界煤柱各留 50 m。1121 综采工作面数值模型如图 9.4 所示。

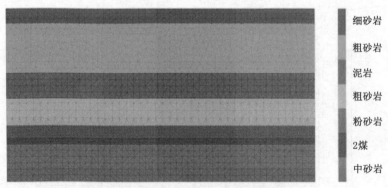

图 9.4　1121 综采工作面数值模型

数值模型中分别将采厚设计为 3 m、4 m 和 5 m,推进步距为 30 m,共开挖 6 步。推进过程中覆岩破坏特征如图 9.5 至图 9.8 所示。

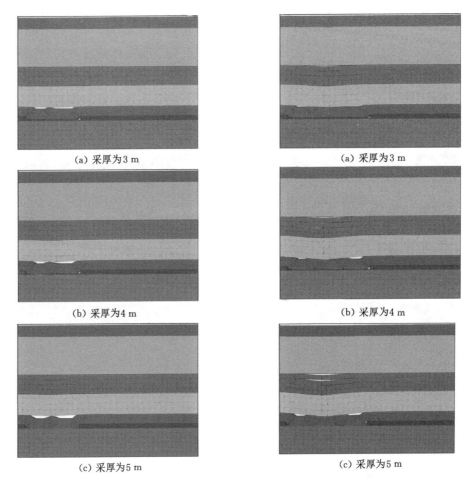

(a) 采厚为 3 m　　　　　　　　(a) 采厚为 3 m

(b) 采厚为 4 m　　　　　　　　(b) 采厚为 4 m

(c) 采厚为 5 m　　　　　　　　(c) 采厚为 5 m

图 9.5　工作面推进 60 m 时覆岩破坏特征　　　图 9.6　工作面推进 90 m 时覆岩破坏特征

　　由图 9.5 至图 9.8 的对比分析可知,随着工作面的逐步推进,初期各采厚下的覆岩破坏程度大致相同,后期推进 90 m 时,则表现出明显的差异性,其对比情况如图 9.9 所示。

　　可测得不同采厚下离层发育高度均距煤层顶板 52 m,但离层空间最大发育高度(图 9.9)则出现明显差异。随着采厚的减小,产生离层空间的时间出现延迟,同时离层空间最大发育高度从 3.174 m 降低到 1.764 m,极大程度上降低了离层空间的可积水量,即限定采厚有助于把离层水突涌危害性控制在一定安全范围内。

9.3.2　离层水疏放注浆

　　离层水疏放注浆是本作者团队提出的一种离层水疏放注浆方法[4],即先通过井下钻孔提前疏放离层水,再从地面施钻位置并依次注浆充填离层空间,下位软岩层因采动产生的裂隙被注浆浆液充填形成稳固的隔水岩层,这样不仅可有效预防顶板离层水突涌危害,还能控制覆岩运动,削弱地表的移动和变形。其具体步骤如下。

　　(1)先分析工作面上覆岩层内砂岩含水层层位,再利用含水层判别方法计算出砂岩含水层的具体位置,即先要分析出模型中开采煤层 4 与底板岩层 5 的空间位置。

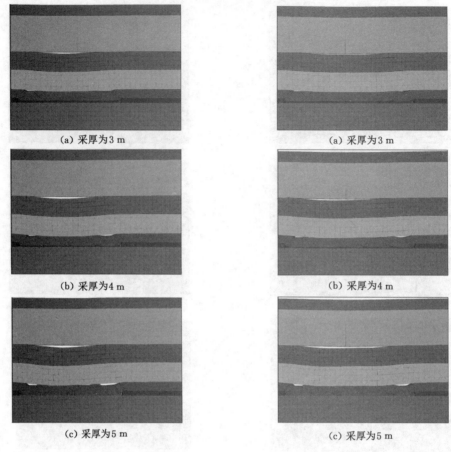

(a) 采厚为 3 m   (a) 采厚为 3 m

(b) 采厚为 4 m   (b) 采厚为 4 m

(c) 采厚为 5 m   (c) 采厚为 5 m

图 9.7　工作面推进 120 m 时覆岩破坏特征　　　　图 9.8　工作面推进 150 m 时覆岩破坏特征

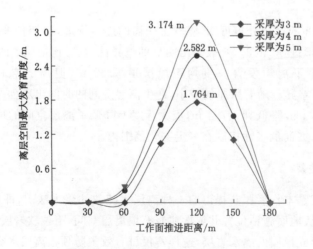

图 9.9　不同采厚下离层空间发育情况

（2）先采用覆岩力学机理结合钻孔探测分析结果研究各砂岩含水层的物理力学性质，

再借助物探方法对工作面上覆各砂岩含水层水文地质条件进行探测分析(图 9.10),根据分析结果,以对离层空间直接充水的含水层为目标含水层,一般当推进首采工作面或者准备工作面时,该含水层下伏离层空间开始发育。

(3) 随着回采工作面的开采,提前布置好准备巷道 18 并在规定时间内向目标含水层下的离层空间布置多个疏水钻孔,在目标含水层下离层空间扩展发育过程中,当工作面推进距离达到 L 时,即可疏放离层空间的离层水,到钻孔内几乎不出水为止。离层疏水注浆充填的走向剖面如图 9.11 所示。钻孔疏水具体步骤如下。

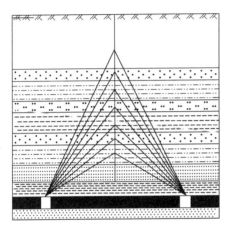

图 9.10 工作面上覆岩层物探分析

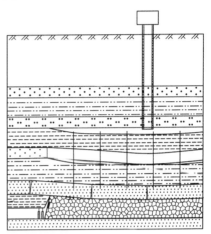

图 9.11 离层疏水注浆充填的走向剖面

① 首先利用物探手段及数学分析法综合分析目标含水层的水文地质条件,然后借助覆岩力学机理分析离层空间的高度及体积发育情况,根据需求计划布置准备巷道的疏水钻孔数(5~10 个),根据推进侧和开切眼侧的岩层破断角确定疏水孔投影到准备巷道的分布范围,进而计算出钻孔间距和长度。

② 随着回采工作面的逐步推进,顶板依次发生破断垮落并充填到采空区。当初次来压破断的岩石稳定沉积后,即可考虑通过准备工作面的准备巷道向目标含水层下离层空间进行施打钻孔,直到钻孔顶短触及目标含水层底板下约 0.5 m 位置处,在此过程中钻孔施工应避开垮落带的影响。

③ 安装好布置的钻孔管道后,通过水泵与工作面的排水系统相连接,被疏放的离层水可以通过井下排水系统到达地面或者临时积水水仓,当离层空间发育高度逐渐变大且工作面推进距离为 L 时,即可通过钻孔疏放离层水。

(4) 同时,在此期间还需从地面向下布置钻孔,打通输浆通道。当工作面推进距离为 $2L$ 时,开始进行注浆浆液疏放,充填到下部软岩的裂隙处和离层空间,直到确定离层空间充满浆液为止,其剖面具体如图 9.12 所示。在地面布置钻孔进行注浆的步骤如下。

① 打钻。从工作面上方对应的地表位置进行打钻,钻探过程中安装管道,管道外壁应与周围岩层相互固定,到钻至目标深度为止。

② 制浆。这里注浆材料主要由粉煤灰、水泥、黏土、水和速凝剂组成,水灰质量比约为 1∶4 即可,制成的浆液还能和离层空间剩余的水进行化合反应,快速凝固并充填下位软岩层

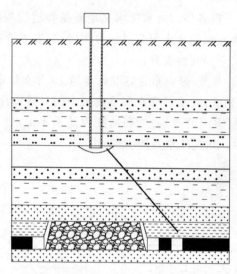

图 9.12　离层疏水注浆充填的倾向剖面

的裂隙以及离层空间。

③ 注浆。当离层空间逐渐扩展发育时,在目标含水层发生初次来压前需要从地面通过管道输送浆液,并在离层上部含水层破断之前使浆液充满离层空间,从而有效控制覆岩移动。

9.4　大采厚下离层水突涌防治措施

工作面采厚一般为 6 m 及以上,在这类煤层开采过程中离层空间发育高度都较大,离层空间可积水量巨大,一旦发生离层水突涌事故,极易导致整个工作面被淹停产。这种情况下,通过疏放水难以解决水害问题,故为预防顶板离层水突涌事故,笔者通过控制上覆岩层的垮落来抑制离层空间发育,使离层空间可积水量变小,进而从源头上消除离层水积聚。在工作面开采技术方面,一般可采用走向条带开采、全充填开采、部分充填开采和限制采厚这些方式或措施来控制离层空间发育。基于煤矿实际情况,已具有充填设备或者计划充填开采的煤矿可选择部分充填开采方式,这将极大提高煤炭采出率;若没有充填设备则可以选择走向条带开采方式,虽然其采出率略有降低,但可预防离层水突涌,且减少充填成本,有利于保障工作面作业环境和生产安全。

这里以招贤煤矿 1307 工作面为例建立数值模型,在工作面推进过程中,曾出现两次顶板离层水突涌事故,第 1 次涌水量相对较小,当时认为它是顶板淋水;第 2 次涌水量较大,但未影响工作面开采。后续相邻的 1304 工作面则发生了 3 次较为严重的离层水突涌事故,最大涌水量分别达 280 m^3/h、260 m^3/h、420 m^3/h,工作面排水系统被淹,被迫停产[5-6]。

研究发现工作面溃出物多以灰色、绿色的泥岩、砂质泥岩及粉砂岩为主,分析认为宜君组含水层为主要充水含水层,安定组泥岩为隔水层,这两岩层间产生离层空间[4]。

模型中 1307 工作面采深为 600 m,设计采高为 10 m,采出率为 100%。模型顶部为泥岩,泥岩上方宜君组砾岩层、洛河组岩层、新近系和第四系通过均布荷载代替,其值为

8.12 MPa。模型两侧各留设 80 m 边界煤柱，工作面每次推进 20 m。1307 工作面数值模型如图 9.13 所示。

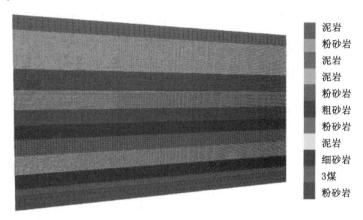

图 9.13 1307 工作面数值模型

对于工作面部分充填开采和走向条带开采方式，设计时使走向采宽、充填宽度和留设宽度同时同量增加。考虑充填前的顶底板移近量，这里设计充填率为 80%。该设计模拟方案如表 9.1 所示。

表 9.1 部分充填和走向条带开采的设计模拟方案

方案编号	走向采宽/m	充填宽度/m
①	40	40
②	60	60
③	80	80
④	100	100

9.4.1 部分充填开采

（1）导水裂缝带及离层空间发育

方案①和方案②离层未发育，方案①中的导水裂缝带发育高度为 53.80 m，距离层空间 171.20 m；方案②中的导水裂缝带发育高度为 92.92 m，距离层空间 132.08 m。

方案③和方案④产生离层空间，方案③中的导水裂缝带发育高度为 133.91 m，距离层空间 91.09 m，上部弯曲下沉带内出现两个离层空间，左侧离层空间最大发育高度为 0.692 m，右侧离层空间最大发育高度为 0.301 m，由于下部工作面充填区的存在，两个离层空间被分离，两个离层区域的边界距离为 46.82 m，小于充填宽度 80 m，比例系数为 0.59；方案④中的导水裂缝带发育高度为 175.07 m，距离层空间 49.93 m，上部弯曲下沉带内两个积水离层空间逐渐发育，左侧离层空间最大发育高度为 1.274 m，右侧离层空间最大发育高度为 0.669 m，两个离层区域的边界距离为 64.92 m，小于充填宽度 100 m，比例系数为 0.65。

方案③和方案④的两个离层空间独立发育，积聚少量离层水，对工作面不会造成影响。部分充填开采时各方案的顶板覆岩垮落情况如图 9.14 所示。

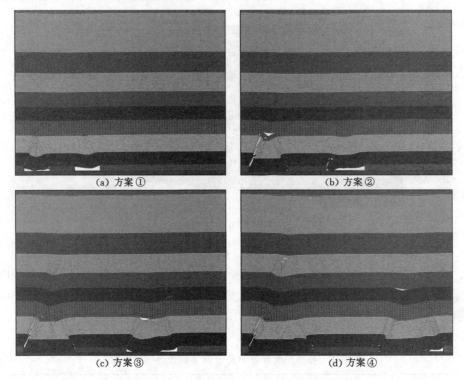

(a) 方案①　　　　　　　　　　　　(b) 方案②

(c) 方案③　　　　　　　　　　　　(d) 方案④

图 9.14　部分充填开采时各方案的顶板覆岩垮落情况

（2）不同方案下垂直应力分布规律

采空区岩层垮落下沉，应力被释放，最大垂直应力集中于两侧煤柱和充填体区域。部分充填开采时垂直应力分布云图如图 9.15 所示。

经实测发现，方案①中两侧煤柱的最大垂直应力为 23.92 MPa，充填体的最大垂直应力为 20.37 MPa；方案②中两侧煤柱的最大垂直应力为 24.57 MPa，充填体的最大垂直应力为 26.72 MPa；方案③中两侧煤柱的最大垂直应力为 23.29 MPa，充填体的最大垂直应力为 30.38 MPa；方案④中两侧煤柱的最大垂直应力为 24.70 MPa，充填体的最大垂直应力为 39.63 MPa。

随着走向采宽和充填宽度的增加，煤柱区域最大垂直应力变化不大，较稳定；充填体区域最大垂直应力呈增长趋势，这表明充填体对上覆岩层的支撑作用逐渐增强，在控制上覆隔水层稳定性中能够发挥较大的作用。

（3）充填体稳定性分析

如图 9.16 所示，由于充填率为 80%，故充填体上覆岩层会发生垮落，充填体上部会出现塑性区。当按方案①对工作面进行开采时，仅充填体上部出现少量塑性区，充填体底板部分塑性分布较多；当按方案②对工作面进行开采时，充填体上部和中下部存在少量塑性区，充填体底板部分塑性分布相对方案①较少；当按方案③对工作面进行开采时，仅充填体上部存在少量塑性区，充填体底板部分塑性分布相对方案①和方案②都较少；当按方案④对工作面进行开采时,充填体上部存在少量塑性区,充填体底板中间部分塑性分布较少,但是充填体边缘的底板塑性破坏范围相对较大。经综合分析认为,走向采宽为 80 m、充填宽度为 80 m 的方案③相对更好。

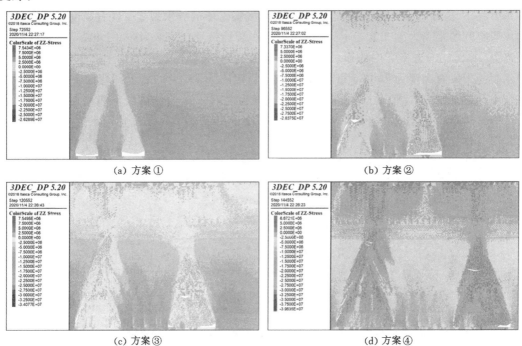

(a) 方案①　　　　　　　　　　　　(b) 方案②

(c) 方案③　　　　　　　　　　　　(d) 方案④

图 9.15　部分充填开采时垂直应力分布云图

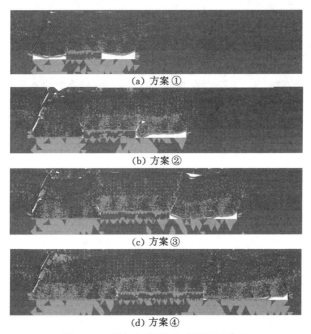

(a) 方案①

(b) 方案②

(c) 方案③

(d) 方案④

图 9.16　部分充填开采时塑性区范围

9.4.2 走向条带开采

（1）导水裂缝带及离层空间发育

方案①、方案②和方案③未产生离层空间，方案①中的导水裂缝带发育高度为51.70 m，与离层空间的距离为173.30 m；方案②中的导水裂缝带发育高度为86.31 m，与离层空间的距离为138.69 m；方案③中的导水裂缝带发育高度为89.29 m。方案④中产生离层空间，其导水裂缝带发育高度为109.55 m，与离层空间的距离为115.45 m，上部弯曲下沉带内两个离层空间逐渐发育，左侧离层空间最大发育高度为0.240 m，右侧离层空间最大发育高度为0.434 m，两个离层区域的边界距离为81.63 m，小于充填宽度100 m，比例系数为0.82，该垮落情况具体如图9.17所示。

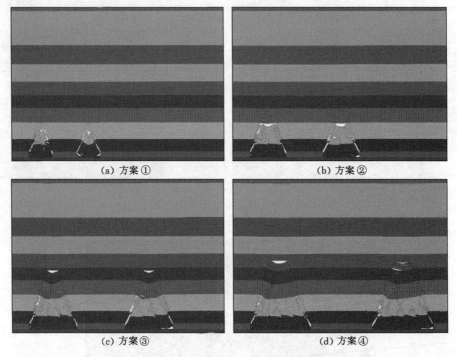

图9.17　走向条带开采时覆岩垮落情况

（2）不同方案下垂直应力分布规律

方案①模型工作面两侧煤柱的最大垂直应力为20.38 MPa，中部条带区最大垂直应力为21.24 MPa；方案②模型工作面两侧煤柱的最大垂直应力为22.35 MPa，中部条带区最大垂直应力为22.74 MPa；方案③模型工作面两侧煤柱的最大垂直应力为22.76 MPa，中部条带区最大垂直应力为24.57 MPa；方案④模型工作面两侧煤柱的最大垂直应力为24.62 MPa，中部条带区最大垂直应力为30.95 MPa。随着走向采宽和留设宽度的增加，煤柱区域最大垂直应力变化不大，较稳定；中部条带区最大垂直应力逐渐变大，但相对部分充填开采内的充填体较小，这是条带开采离层空间发育较晚所致。走向条带垂直应力分布云图如图9.18所示。

综上所述，随着走向采宽和留设宽度的增加，导水裂缝带高度逐渐增大，隔水层厚度逐

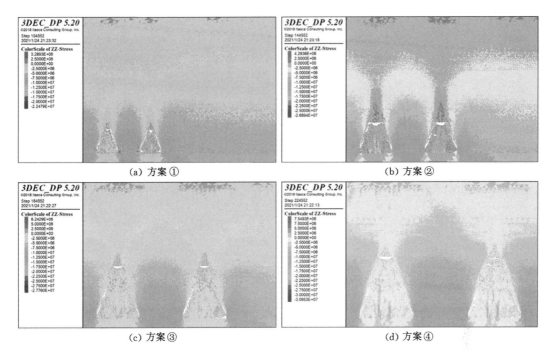

(a) 方案①　　　　　　　　　　　(b) 方案②

(c) 方案③　　　　　　　　　　　(d) 方案④

图 9.18　走向条带垂直应力分布云图

渐减小。前三个方案未产生离层空间,方案④离层空间发育高度非常小,工作面发生离层水害事故概率极小。相较前三个方案,方案④工作面搬家次数最少,每次采煤量最多,故走向采宽 100 m、留设宽度 100 m 的开采方式为最佳方案。

参 考 文 献

[1]　李伟.采动覆岩离层运动与突水演化特征研究[D].青岛:山东科技大学,2020.

[2]　褚彦德.宁东鸳鸯湖矿区石槽村煤矿顶板砂岩水害特征及防治对策[J].中国煤炭地质,2017,29(2):46-52.

[3]　曹海东.煤层顶板次生离层水体透水机理及防治技术[J].煤田地质与勘探,2017,45(6):90-95.

[4]　张文泉,王在勇,朱先祥,等.一种离层水疏放注浆方法:CN201811439280.0[P].2020-10-13.

[5]　闫奋前.特厚煤层开采覆岩离层动态演化特征及离层水害防治研究[D].青岛:山东科技大学,2020.

[6]　甘圣丰,乔伟,雷利剑,等.招贤煤矿水文地质特征及涌水量预测研究[J].煤炭科学技术,2018,46(7):205-212.